STATION AGRONOMIQUE DU CENTRE

ÉTUDE

SUR

LES EAUX POTABLES

DU DÉPARTEMENT DU PUY-DE-DOME

Renfermant les caractères, les propriétés et
l'analyse des eaux potables en général

(PREMIER MÉMOIRE)

PAR ÉTIENNE FINOT

Sous-Directeur de la Station agronomique du Centre,
Préparateur de chimie à la Faculté des sciences de Clermont-Fd,
Lauréat de l'Académie
des sciences, belles-lettres et arts de la même ville.

RIOM
Imprimerie de G. Leboyer, rue Pascal, 3.

1877

ÉTUDE

SUR

LES EAUX POTABLES

DU DÉPARTEMENT DU PUY-DE-DOME

Renfermant les caractères, les propriétés et
l'analyse des eaux potables en général,

(PREMIER MÉMOIRE)

PAR ÉTIENNE FINOT

Sous-Directeur de la Station agronomique du Centre,
Préparateur de chimie à la Faculté des sciences de Clermont-Fd,
Lauréat de l'Académie
des sciences, belles-lettres et arts de la même ville.

RIOM

Imprimerie de G. Leboyer, rue Pascal, 3.

—

1877

ÉTUDE

SUR

LES EAUX POTABLES

DU DÉPARTEMENT DU PUY-DE-DOME.

INTRODUCTION.

Attaché depuis trois ans au laboratoire de chimie agricole de la Station agronomique du Centre, sous la direction de mon savant professeur, M. Truchot, j'ai exécuté un grand nombre d'analyses d'eaux potables. Ce sont les résultats de ces recherches que je me propose de faire connaître dans ce premier mémoire.

Le travail a été divisé en quatre parties : Dans la première, j'étudie les eaux potables en général, les caractères auxquels on les reconnaît, et leurs propriétés physiques.

Dans la deuxième partie, je m'occupe de la composition chimique des eaux, je résume les opinions des savants sur le rôle des différents corps qui les constituent.

La troisième partie traite de l'analyse chimique.

Enfin, je termine par l'étude de chacune des eaux en particulier, c'est ce qui constitue la quatrième partie de mon travail.

Clermont-Ferrand, mars 1876.

PREMIÈRE PARTIE

Des Eaux potables en général.

Une eau est reconnue potable quand, employée dans l'alimentation, elle ne réagit pas d'une manière fâcheuse sur l'organisme de l'homme.

Toutes les eaux ne présentent pas les mêmes caractères, et, comme l'a dit Hippocrate, « une eau ne ressemble pas à une autre eau. » (1)

En effet, les eaux pluviales arrivent sur la terre à l'état de pureté presque parfaite, ne renfermant que de très-faibles traces de matières minérales et organiques empruntées à l'atmosphère. Mais une fois sur le sol, leurs propriétés varient avec les différentes couches de terrain qu'elles traversent.

Les eaux qui tombent sur les terrains primitifs caractérisés par le granite, le gneiss, le micaschiste, sont les plus pures après celles de pluie et de neige ; elles ne renferment que des traces de chlorures, de sulfates, de carbonates alcalins ou terreux et de la silice. Il est à remarquer qu'elles renferment une quantité relativement plus forte de sels de potasse.

Puis viennent les eaux qui s'échappent des terrains de transition, elles sont déjà moins pures que les précédentes, elles renferment une plus grande proportion de carbonate calcaire. A côté de ces eaux, nous placerons celles qui sortent des terrains volcaniques formés de trachytes, de basaltes et de laves ; elles ont beaucoup d'analogie avec celles des terrains primitifs. Enfin, les eaux des terrains

(1) Des airs, des eaux et des lieux.

secondaires et des terrains tertiaires contiennent des proportions bien plus considérables de principes salins, ce sont : des carbonates de chaux et de magnésie, des chlorures, des sulfates et des nitrates.

Comme nous venons de le voir, les eaux que l'on trouve à la surface de la terre varient de composition avec les terrains qu'elles traversent, mais les unes courent et se renouvellent, les autres stagnent et se décomposent peu à peu. Parmi celles-ci, nous citerons les eaux de puits ; parmi les autres, les eaux de source et de rivière. D'après cela, nous diviserons les eaux potables en :

1° Eaux courantes ;
2° Eaux stagnantes ;

DES EAUX COURANTES.

Les eaux de sources proviennent des eaux pluviales. C'est Bernard Palissy qui a établi cette vérité. Jusqu'à lui, les anciens avaient fait les théories les plus curieuses sur leur origine. Les eaux de pluies pénètrent dans le sol jusqu'à ce qu'elles rencontrent une couche de terrain argileux s'opposant à leur infiltration, alors elles se rassemblent, vont former vers les parties déclives de grands amas d'eaux souterraines qui s'infiltrent à travers les fissures, et viennent reparaître à l'état de source à la surface du sol. En s'écoulant à la surface du sol, les eaux de sources forment les rivières et les fleuves.

Quand on met les courants souterrains en communication avec l'air, on forme des puits d'eau vive. L'eau de ces puits, par ses propriétés, se rapproche beaucoup de l'eau de source.

DES EAUX STAGNANTES.

Mais il n'en est pas toujours ainsi, quand on ne rencontre pas de courants d'eau souterrains, le puits constitue un espace libre où les eaux qui filtrent à travers les terres viennent se rassembler. On a alors des puits à eau stagnante, qui renferment les eaux les moins propres à la boisson. L'eau dormante des puits sans écoulement reçoit et retient toutes les impuretés du voisinage, et en vidant fréquemment ces puits, on ne fait que rendre l'eau plus propre à dissoudre les parties solubles du terrain environnant, sans remédier au mal.

M. Jules Lefort a constaté, en 1871, la présence de matières animales provenant d'un cimetière, dans l'eau d'un puits de la commune de St-Didier (Allier). J'ai constaté le même fait à St-Avit (Puy-de-Dôme).

CARACTÈRES DES BONNES EAUX POTABLES.

Hippocrate définissait ainsi les caractères des eaux potables : « Une bonne eau doit être limpide, légère, aérée, sans odeur ni saveur sensible, chaude en hiver, fraîche en été. »

Depuis lui, tous les hygiénistes ont accordé ces diverses qualités aux eaux potables. Ainsi, voici en quels termes s'expriment les savants auteurs de l'*Annuaire des eaux de la France* : « Une eau peut être considérée comme bonne et potable quand elle est fraîche, limpide, sans odeur ; quand sa saveur est très-faible, qu'elle n'est surtout ni désagréable, ni fade, ni salée, ni douceâtre, quand elle contient peu de matières étrangères, quand elle renferme suffisamment d'air en dissolution, quand elle dissout le savon sans former de grumeaux et qu'elle cuit bien les légumes. » Examinons chacun de ces caractères en particulier, en commençant par les propriétés physiques.

Propriétés physiques des Eaux.

1° *L'eau potable doit être fraîche.* — L'eau potable doit avoir une température constante, c'est-à-dire être fraîche en été et tiède en hiver. Les eaux de sources présentent ce caractère, leur température diffère très-peu de la température moyenne de l'air ; c'est du moins ce qui ressort des observations consciencieuses et souvent répétées d'un grand nombre de physiciens.

Ainsi, la source du Rosoir, que Darcy a conduite de Messigny à Dijon, présente au sortir de la montagne une température constante de 10° qui diffère peu de la température moyenne de Dijon, déterminée de 1845 à 1859 par M. A. Perrey et qu'il a trouvée égale à 10°,5.

M. Daubrée, dans sa *Description géologique et minéralogique du département du Bas-Rhin,* s'exprime en ces termes sur ce sujet: « La plupart des sources de nos climats qui arrivent au jour sans se mélanger à des eaux superficielles ne subissent annuellement, dans leur température, que de faibles variations qui, en général, ne dépassent pas quelques dixièmes de degré. Une seule observation peut donc faire connaître approximativement la température moyenne d'une source placée dans ces conditions, surtout si son volume d'eau est considérable et ne varie pas beaucoup dans le courant de l'année. »

L'eau de Royat qui sert à l'alimentation de Clermont a une température sensiblement constante. Voici, du reste, quelques chiffres obtenus par MM. Pétrequin, Laval et par nous :

Grotte de Royat.

PÉTREQUIN	LAVAL	ET. FINOT.
Septemb. 1869, 10°,8.	Septemb. 1873, 11°,1.	Novemb. 1874, 10°,6.
		Décemb. 1874, 10°,8.
		Janvier 1875, 10°,8.
		Février 1875, 10°,7.

Regard de Lussaud.

Septemb. 1869, 11°,0.   Août 1873, 10°,7.   Février 1875, 11°,1.

La température moyenne de Clermont, déterminée à l'Observatoire en 1873, a été trouvée égale à 11°,39.

La température des eaux de puits est aussi à peu près constante et s'écarte très-peu de la moyenne de la température de l'air.

La température des eaux de rivière suit les changements de température de l'air, et est par conséquent très-variable.

D'après ce qui précède et pour être d'accord avec le précepte d'Hippocrate, on voit qu'au point de vue de la température, l'eau de source doit être préférée. Mais quelle est la température préférable, ou en d'autres termes, entre quelles limites doit varier la température d'une eau pour être potable? J'arrive ici au point délicat de ma tâche, les idées des savants sont tellement différentes sur ce sujet, que je me contenterai de les signaler, laissant au lecteur le soin de se faire une opinion.

Dans l'été de 1825, le grand nombre d'accidents cholériques que l'on remarqua à Paris furent attribués par Vauquelin, Marc, Marjolin et Orfila, à l'usage de boissons trop fraîches.

Chacun sait que l'eau bue à 20° ne désaltère pas, qu'elle produit un sentiment désagréable de fadeur. De plus, MM. Poggiale, Boudet et Tardieu pensent que les matières végétales et animales contenues dans les eaux, entrent en fermentation putride à une température de 20° à 25°. Ces auteurs et ceux que nous avons cités plus haut arrivent à conclure que l'eau, pour être dans de bonnes conditions, doit avoir une température comprise entre 10° et 15°.

Mais, dans ses *Recherches sur la composition chimique et les propriétés qu'on doit exiger des eaux potables,* M. Hugueny donne contre les opinions que nous venons d'exposer, des objections qui, en raison de leur importance, doivent être citées textuellement. « Mes arguments contre la nécessité de l'eau fraîche seront empruntés aux faits suivants :

» Je commence par faire remarquer que, pour beaucoup de personnes, dont la santé est excellente, la majeure partie de l'eau qu'elles consomment est chaude, sous la forme de bouillon, de café, de grog ou de thé.

» En second lieu, l'eau que nous prenons pure est bien souvent à une température qui n'est pas très-éloignée de la température ambiante; depuis le moment où elle a été puisée et où elle a été placée sur une table, sa température s'est successsivement relevée, et après une heure, elle a déjà quelques degrés de plus qu'au début.

» En troisième lieu, des populations entières, dans certaines parties de la Chine, par exemple, n'ayant que de l'eau de mauvaise qualité, la prennent chaude, très-légèrement aromatisée par le thé et ne boivent pas d'eau froide, alors même qu'elle aurait été bouillie (1). Comme ils se portent fort bien, il faut en conclure que l'élévation de température de l'eau ne leur est pas contraire et qu'on peut accoutumer l'estomac à ne recevoir que des boissons chaudes sans aucun inconvénient.

» Je ne puis contester que nous ayons le goût de l'eau fraîche en été et que nous la préférions à l'eau relativement chaude; mais si nous étions obligés de boire cette dernière, elle ne produirait aucun accident et l'estomac s'y habituerait à la condition qu'elle fut exempte de matières organiques.

» Pour ce qui concerne les températures très-basses de l'eau, je rappellerai l'observation de de Saussure, sur

(1) Lettre de M. le pasteur Juillard, attaché à l'expédition de Chine.

l'usage de l'eau de glace ou de neige fondue, qui est généralement froide.

» L'estomac peut donc s'habituer à l'eau très-fraîche et n'en être aucunement incommodé. Sans doute, il arrivera souvent que l'eau, après avoir été puisée aux sources et aux torrents, ne sera pas bue immédiatement et que sa température pourra se relever plus ou moins ; mais il arrive toutefois très-fréquemment qu'on est obligé d'en boire sur place. Or, si le corps n'est pas dans des conditions défavorables, la fraîcheur de cette eau ne troublera aucune de ses fonctions.

» Je dois ajouter qu'on a l'habitude, dans le Midi et dans diverses parties de l'Italie, de faire usage de glace pour rafraîchir l'eau et le vin, dont la température s'éloigne très-peu de zéro au moment de la consommation.

» Il est donc permis de dire qu'on peut en général et *habituellement* boire de l'eau ou froide ou chaude ou à température intermédiaire, sans être incommodé et d'autant mieux que l'estomac y aura été plus accoutumé (1). »

2° *Limpide*. — L'eau potable doit être limpide, car on éprouve une répulsion assez forte pour les eaux troubles, elles causent du dégoût, et elles renferment généralement des matières organiques.

La limpidité de l'eau dépend de la position qu'elle occupe à la surface du sol. Les eaux des lacs, qui sont dans un repos à peu près absolu, celles qui coulent sur un radier siliceux sont d'une limpidité parfaite. Celles qui sortent des terrains de sédiment sont presque toujours louches.

3° *Sans odeur*. — Une eau qui a de l'odeur doit être rejetée, car elle renferme des substances étrangères,

(1) Hugueny, page 134. Paris, 1865.

principalement organiques en voie d'altération. Les matières organiques qui se trouvent en présence des sulfates donnent des sulfures qui, au contact de l'air, se décomposent en donnant de l'hydrogène sulfuré.

Les meilleures eaux contenant toujours une petite quantité de matières organiques, conservées pendant quelque temps, développent insensiblement une odeur désagréable. Aussi croyons-nous que la commission d'hygiène de Bruxelles (1852), a exagéré en disant : « L'eau ne doit acquérir aucune odeur après avoir été conservée dans un vase ouvert ou fermé. »

4o *Sans saveur.* — L'eau potable doit être sans saveur caractéristique ; de même que l'odeur, une saveur fade et désagréable est l'indice que l'eau examinée renferme des substances étrangères.

Le carbonate de chaux, dissous par un excès d'acide carbonique, donne à l'eau une saveur piquante qui n'est pas un signe d'impureté : « Une eau peut être rendue piquante par une grande quantité d'acide carbonique, et être cependant très-propre à servir de boisson ordinaire, quoiqu'elle ne convienne pas à tous les emplois du ménage. Les habitants des pays où existent des eaux acidules gazeuses en font un usage habituel sans le moindre inconvénient, et même avec des avantages notables (1). »

L'*Annuaire des Eaux de France* nous dit que l'eau est potable : « quand elle contient peu de matières étrangères ; quand elle renferme suffisamment d'air en dissolution ; quand elle dissout le savon sans former de grumeaux, et qu'elle cuit bien les légumes. » Cette partie de la définition citée plus haut va constituer la deuxième partie de notre travail sous le titre de composition chimique des eaux.

(1) Dupasquier, *Des eaux douces de sources et de rivières*, p. 78.

DEUXIÈME PARTIE

Composition chimique des Eaux.

—

Corps trouvés dans les eaux qui font le sujet de ce mémoire.

—

Le nombre des principes minéraux signalés dans les eaux potables est considérable, mais beaucoup ne s'y rencontrent qu'à l'état de traces impondérables. Voici l'énumération de ceux que nous avons trouvés dans les eaux du Puy-de-Dôme : Oxygène, azote ; acides : carbonique sulfurique, chlorhydrique, azotique, silicique et phosphorique ; bases : potasse, soude, lithine, magnésie, chaux, alumine, fer, manganèse et plomb ; enfin des matières organiques.

J'ai recherché sans succès l'iode, le brome, l'arsenic, la baryte et la strontiane, avec les soins les plus minutieux et par les procédés les plus exacts.

La recherche de l'iode surtout présentait un grand intérêt. Depuis les travaux de MM. Chatin et Marchand, qui prétendent que l'iode existe dans toutes les eaux naturelles, résultats que je conteste, on a fait jouer un rôle très-important à ce corps. M. Chatin pense que l'absence d'iode dans l'eau est une des causes déterminantes du développement du goitre chez l'homme. Comme il ne m'appartient pas de discuter cette question médicale, qu'on me permette seulement quelques observations. L'iode n'existe ni dans les solides, ni dans les liquides de l'organisme humain ; comme on n'a pas démontré qu'il pouvait y remplir un rôle utile, on ne peut donc pas déclarer qu'il doit entrer dans l'économie. Ce corps se trouve dans les eaux où on a constaté sa présence en quantité si minime, qu'il est bien difficile d'apprécier son influence sur l'économie ; ainsi, d'après M. Chatin, l'eau de la source du Rosoir, qui alimente Dijon, ville qui n'a pas de goitreux, renferme $\frac{1}{150}$ de milligramme d'iode par litre, il en résulte qu'un habitant qui prendrait deux litres d'eau par jour absorberait dans un an moins de $0^g,005$ d'iode.

Un chimiste allemand, M. Walchner, a constaté la présence de l'arsenic et du cuivre dans tous les minerais de fer ; de ce fait, M. Marchand pense que toutes les eaux potables peuvent contenir de l'arsenic et du cuivre. « Mais, dit-il, si ces deux métaux existent dans les eaux potables, c'est en proportion tellement faible, que c'est à peine s'ils deviendraient sensibles sur le résidu de la vaporisation d'un millier de litres d'eau : leur constatation directe devient par conséquent bien difficile à effectuer. »

L'eau potable de Villaine-Saint-Aubin (Loiret), qui sort d'une couche d'argile, a donné à M. Poumarède des traces sensibles d'arsenic. Les recherches que nous avons faites pour le découvrir dans les eaux du Puy-de-Dôme ont été infructueuses.

Des gaz en dissolution dans l'eau. — L'air en dissolution dans l'eau est plus riche en oxygène que l'air ordinaire, il renferme une bien plus grande proportion d'acide carbonique. On s'explique facilement cette plus grande richesse en oxygène en se rappelant que 1 volume d'azote se dissout dans 62 volumes d'eau distillée, et 1 volume d'oxygène dans 27 volumes. L'acide carbonique de l'eau provient surtout de la terre ; on sait, d'après les recherches de MM. Boussingault et Léwy, que l'air confiné dans le so contient jusqu'à 250 fois plus d'acide carbonique que l'air ordinaire. La pluie s'en charge en traversant les terres, et le porte aux sources qui sont de toutes ces eaux les plus chargées de ce gaz.

L'eau de rivière, continuellement en contact avec l'atmosphère, est saturée d'oxygène et d'azote d'après l'ordre de leur solubilité respective. D'après des expériences de Gay-Lussac et de Humboldt, l'air en dissolution dans l'eau de rivière est formé de   31 à 32 p. 0/0 d'oxygène
et de   68 à 69 p. 0/0 d'azote.

La composition et le volume du mélange gazeux en dissolution dans les eaux de rivières, de sources et de puits est très-variable. Les proportions varient à tout moment. Un changement de température, même léger, une variation barométrique, une altération dans la composition saline ou organique de l'eau, une simple agitation, suffisent pour changer les proportions des gaz dissous.

L'eau de Saint-Bonnet, près Chauriat, renferme 103^{cc}2 d'un mélange gazeux formé de :

Acide carbonique.	75^{cc}0
Azote.	22^{cc}0
Oxygène.	6^{cc}2

103^{cc}2

On remarque la proportion considérable d'acide carbonique, mais je dois dire que la plus grande partie se trouve dans l'eau combinée avec la chaux et la magnésie pour constituer les bicarbonates. L'air contenu dans cette eau est pauvre en oxygène.

Oxigène. . .	21^{cc}9
Azote.	78^{cc}1

100^{cc}0

C'est l'eau des fontaines de Royat qui nous a donné la plus petite quantité de gaz :

Acide carbonique. .	$5^{cc}6$
Azote.	$14^{cc}0$
Oxygène.	$4^{cc}8$
	$24^{cc}4$

De plus, l'air contenu dans cette eau renferme peu d'oxygène, il en est de même pour l'eau de Bouzel :

	Royat.	Bouzel.
Oxygène. . .	$18^{cc}1$	$17^{cc}7$
Azote.	$81^{cc}9$	$82^{cc}3$
	$100^{cc}0$	$100^{cc}0$

L'eau de Clermont se trouve, au point de vue de l'aération, dans de bonnes conditions ; les nombres trouvés sont identiques à ceux qu'on constate dans les bonnes eaux potables.

Acide carbonique. .	$6^{cc}0$	
Azote.	$16^{cc}9$	$67^{cc}9$
Oxygène	$8^{cc}0$	$32^{cc}1$
	$30^{cc}9$	$100^{cc}0$

Une telle eau est dite légère et agréable à boire.

L'eau privée d'air est fade, lourde et indigeste.

Après de nombreuses observations sur l'air contenu dans les eaux des hautes montagnes de l'Amérique, M. Boussingault a cru pouvoir rattacher la production du goitre à la désaération des eaux. On fait de nombreuses objections à la théorie émise par ce savant.

Acide sulfurique. — L'acide sulfurique combiné se rencontre dans presque toutes les eaux potables. Quand, combiné à la chaux et à la magnésie, il y existe en quantité notable, il constitue les eaux séléniteuses qui cuisent difficilement les légumes et ne dissolvent pas le savon.

L'eau qui renferme des sulfates, conservée dans des vases en bois, ou en contact avec des matières organiques, donne en été surtout de l'hydrogène sulfuré qui la rend impropre à l'alimentation.

Les sulfates n'existent, dans l'organisme, qu'en quantité minime; on a constaté leur présence en proportion notable dans les vertèbres des rachitiques, qui renferment 4,70 p. 100 de sulfate de chaux et de sulfate de soude. D'après cela, on peut admettre que l'usage habituel d'eaux séléniteuses serait dangereux pendant la période d'accroissement. On admet généralement qu'une eau potable, pour être dans de bonnes conditions, ne doit pas renfermer plus de 0^{g}050 d'acide sulfurique. Mais très-souvent les habitants des pays calcaires emploient des eaux qui en renferment une quantité bien plus considérable.

Voici les résultats obtenus pour quelques eaux :

	Acide sulfurique.
Puits de la commune de Bouzel	0^g,1047
— . Beauregard	0^g,1122
Fontaine de Saint-Bonnet, près Chauriat . .	0^g,1546
Puits de M. Charles, à Aubière	0^g,2041 (1)

Les eaux qui sortent du terrain granitique et du terrain volcanique ne renferment au contraire qu'une très-petite quantité d'acide sulfurique :

La Celle, terrain granitique . . .	0^g,0000
Sauviat, — . . .	traces.
Estandeuil, — . . .	0^g,0020
Saint-Avit, — . . .	0^g,0035
Sayat, terrain volcanique	traces.
Royat, —	0^g,0006
Clermont, —	0^g,0018

(1) M. Truchot, — Eaux potables d'Aubière.

Chlore. — Le chlore combiné au sodium se rencontre dans toutes les eaux douces. L'eau qui est répandue dans l'atmosphère à l'état de vapeur en renferme aussi, et en quantité d'autant plus grande qu'on se rapproche davantage des bords de la mer. Dans ses belles recherches sur les eaux de pluie, M. I. Pierre a trouvé que, dans le voisinage de Caen, un hectare de terre reçoit annuellement par les eaux pluviales 50 kilog. de chlorures. Dans des recherches plus récentes, M. Barral a trouvé 13 kilog. de chlore pour chaque hectare par an à Paris.

La petite quantité de chlorure de sodium que l'on rencontre dans les eaux potables ne fait que concourir à leur sapidité. Quand elles en renferment plus de $0^g,4$ ou $0^g,5$, elles peuvent devenir salées et désagréables au goût.

Voici quelques exemples d'eaux renfermant trop de chlore :

Chlore par litre.

Bouzel, puits de la commune. . . .	$0^g,2020$
Sauviat, puits de M. Derossis	$0^g,2100$
Aubière, puits de M. Charles	$0^g,5054$ (1)

Acide azotique. — Les eaux des rivières et des sources ne renferment souvent que des quantités si faibles de nitrates qu'on se dispense de les doser ; mais les eaux des puits des villes et des villages en renferment des quantités très-appréciables. M. Boussingault, dans un grand travail sur la recherche des nitrates dans les eaux, s'exprime ainsi sur leur origine : « La forte proportion de nitrates trouvée dans l'eau des puits de la capitale est évidemment due aux modifications que subissent les matières organiques dont le sol est constamment imprégné (2). »

(1) M. Truchot, — Eaux potables d'Aubière.

(2) M. Boussingault. — Agronomie, chimie agricole et physiologie, 1861, t. II, p. 65.

M. Boussingault a montré que les eaux de puits des quartiers les plus anciens, mal bâtis généralement, exposés aux infiltrations des fosses d'aisance et des eaux ménagères, étaient plus saturées de nitrates que celles des puits mieux exposés.

La présence de l'acide azotique à l'état de nitrate dans une eau a une très-grande importance, car il ne peut être regardé que comme le produit de la décomposition de matières organiques azotées. Sa production est favorisée par les alcalis dans les couches poreuses accessibles à l'air.

On sait que l'acide azotique ne fait pas partie de nos tissus, et qu'à d'assez faibles doses les azotates constituent de véritables poisons. Ainsi, Reich trouva, dans les eaux de fontaine de Berlin, jusqu'à 0^g,675, et très-souvent 0^g,200, 0^g,300, 0^g,400 d'acide azotique par litre; et il établit un rapport direct de cet accroissement de l'acide azotique dans les eaux avec la mortalité de l'épidémie de choléra en 1866, de telle sorte que les quartiers qui avaient les eaux les plus mauvaises et les plus riches en acide azotique présentaient en même temps la plus grande mortalité. D'après Reichardt (1), une eau potable ne doit pas renfermer plus de 0^g,004 d'acide nitrique par litre. Mais on emploie très-souvent des eaux qui en renferment une bien plus grande quantité. Ainsi, sur 19 eaux de puits d'Aubière, M. Truchot a trouvé des quantités d'acide azotique qui vont de 0^g,0095 à 0^g,0317 par litre. L'eau d'un puits de St-Avit, qui est considérée comme étant de bonne qualité, m'a donné 0^g,115 d'acide azotique par litre. Les eaux de puits de Bouzel et de Beauregard-l'Évêque, qui sont employées pour tous les usages, en renferment encore bien davantage :

Bouzel . . . . . . 0^g,2286
Beauregard. . . . 0^g,3410

(1) Guide pour l'analyse de l'eau. Paris, 1876.

Malgré ces exemples, nous devons conclure qu'on devra préférer les eaux qui renferment la plus petite quantité de nitrates.

Acide silicique. — L'acide silicique ou silice existe dans toutes les eaux potables, c'est du moins ce qui résulte des recherches de M. H. Sainte-Claire Deville. Elle s'y rencontre en proportion qui varie avec la nature des terrains traversés. M. Guilbert, dans un travail sur les eaux du Noyonnais, attribue « à la quantité considérable ($0^g,025$ par litre) de silice qu'il a rencontrée dans ces eaux, les caries et les pertes de dents, qui sont excessivement fréquentes dans le pays. Rien dans la constitution des habitants, les usages de la contrée, la composition des eaux, sauf l'excès de silice, ne peut donner l'explication de ce fait singulier (1). »

L'eau de Clermont, analysée à différentes reprises, m'a donné une moyenne de silice égale à $0^g,035$ par litre. J'en ai dosé $0^g,044$ dans l'eau du regard de Lussaud puisée le 23 février 1875. Il me semble alors bien difficile d'expliquer les grandes différences entre mes nombres et ceux trouvés par MM. Petrequin et Bergouhnioux.

	M. Petrequin.	M. Bergouhnioux.
Silice par litre. . . .	$0^g,0800$ (2)	$0^g,0677$ (3)

Je dois dire que j'ai répété ces déterminations à plusieurs reprises, par un procédé exact que je décris dans la 3e partie de mon travail et que je suis toujours arrivé au même résultat ; de plus, ce qui me porte à croire que

(1) Thèse du doctorat en médecine. Paris, 1857.

(2) Annales d'hygiène publique et de médecine légale, 2e série, janvier 1872.

(3) Etudes sur le *goître épidémique*, par M. V. Nivet. Paris, 1873, p. 86.

je suis dans le vrai et que mes nombres ne laissent rien à désirer, c'est que toutes les eaux de même origine m'ont donné des résultats identiques, à savoir :

	Silice par litre.
Royat	0,0340
Planche-Basse.	0,0315
Lussaud, 23 février . . .	0,0440
Château-d'Eau, 23 février	0,0350
— 25 mai. .	0,0340
Chamalières	0,0325
Sayat.	0,0350
Nohanent.	0,0330 (1)

Des nombres qui précèdent, je crois pouvoir conclure que les eaux des environs de Clermont, qui sortent de la lave, renferment une quantité de silice qui varie entre $0^g,030$ et $0^g,045$ par litre, ou, pour être plus exact, une moyenne de $0^g,0349$. Comme on le voit, ces eaux contiennent une plus grande quantité de silice que celles du Noyonnais analysées par M. Guilbert, et je ne sache pas que les habitants de ce pays aient de plus mauvaises dents que dans les localités où la silice se trouve en moindre proportion.

Acide phosphorique. — L'acide phosphorique, combiné probablement à la chaux, a été trouvé dans presque toutes les eaux douces. M. Truchot l'a recherché et dosé dans les eaux des divers terrains du Puy-de-Dôme. Le savant directeur de la Station agronomique du Centre a montré que la réputation dont jouissent certaines eaux employées dans les irrigations provient de la présence de l'acide

(1) M. Truchot, Observations sur la composition des terres arables de l'Auvergne. Ann. agronomiques, tome I, p. 545.

phosphorique, et que les eaux des terrains volcaniques en renferment plus que celles des terrains granitiques (1).

	Acide phosphorique par litre.
Terrain volcanique.	mg
1 Eau de Nohanent	0,872
2 Eau du lac Pavin	1,080
3 Eau de la Couze d'Issoire	0,850
4 Eau de Clermont.	0,330
5 Eau de Sayat.	0,350
6 Eau du ruisseau de Fontanat. . . . . . . : .	0,400

Terrain granitique.

7 Eau de Montaigut.	Traces à peine sensibles
8 Eau de La Celle.	—
9 Eau de Sauviat, fontaine de la Ste Vierge.	—

Potasse et soude. — La potasse et la soude existent dans toutes les eaux douces. La présence de ces corps s'explique par la grande diffusion des roches qui en renferment. Sous l'action combinée de l'air et de l'eau, elles se désagrègent, perdent leurs alcalis, qu'on retrouve dans les eaux. Si on n'a pas toujours signalé la présence de la potasse dans les eaux, c'est que les analyses opérées sur de faibles quantités de liquide ne peuvent conduire qu'à des résultats douteux. Je ne dirai rien de l'influence hygiénique de ces corps, leur proportion dans les eaux étant insensible relativement à celle contenue dans les aliments.

Lithine. — M. Marchand pense que la lithine existe dans toutes les eaux naturelles; c'est ce que j'ai constaté dans le département du Puy-de-Dôme. Cependant le résidu de

---

(1) M. Truchot. Ann. agronomiques, p. 545.

Les chiffres des n°s 1, 2, 3 et 7 sont empruntés au travail de M. Truchot.

l'évaporation de 20 litres d'eau de Vichel, examiné au spectroscope, ne m'a pas présenté trace de cet alcali.

Les savantes recherches de M. Truchot l'ont conduit à expliquer ainsi qu'il suit la présence de la lithine dans les terres d'Auvergne, et par suite dans les eaux qui en proviennent : « On pourrait croire, au premier abord, que cet alcali a été fourni par la désagrégation des micas provenant des roches granitiques ; ce serait une erreur, car les sols granitiques du Puy-de-Dôme ne renferment que des traces de lithine. Ce sont sans doute les eaux minérales d'une époque antérieure qui ont apporté cet alcali ; et en effet, les sources actuelles, si nombreuses en Auvergne, sont toutes plus ou moins chargées de lithine ; ainsi, les eaux de Royat et de Châteauneuf contiennent 35 milligrammes de chlorure de lithium par litre (1). »

La proportion de lithine étant très-différente pour les diverses eaux, sa présence n'est peut-être pas sans influence sur l'organisme.

Chaux. — La chaux est la base qui prédomine en général dans les eaux de sources, de rivières et de puits Il serait difficile de trouver une eau naturelle qui n'en contienne pas au moins des traces. Les roches calcaires sont tellement répandues dans la nature qu'on s'explique facilement la présence de la chaux dans les eaux.

Les eaux fortement chargées de sels de chaux se reconnaissent à leur saveur fade et terreuse très-désagréable ; elles sont impropres à presque tous les usages. En précipitant les acides gras du savon, à l'état de savon calcaire insoluble, elles s'opposent au blanchissage. Bouillies avec les viandes et les légumes, elles forment des combinaisons insolubles et s'opposent ainsi à la cuisson des aliments.

(1) M. Truchot. Observations sur la composition des terres arables de l'Auvergne. Annales agronomiques, t. I, p. 540.

D'après M. Soyer, il faut un tiers de temps de plus pour cuire les légumes avec de l'eau à 20° de crudité qu'avec des eaux douces marquant 4° ou 5°. La dureté de l'eau exerce sur la qualité de l'infusion du thé ou du café une action très-fâcheuse et facile à observer. L'arôme est toujours moindre avec les eaux dures qu'avec les eaux douces, et il faut employer beaucoup plus de thé ou de café pour obtenir la même force et la même coloration.

La quantité de chaux qui se trouve dans les eaux potables est très-variable, comme on le voit par les résultats suivants :

	Chaux par litre.
Eau de La Celle.	0,0024
Saint-Pierre-Roche . .	0,0092
Royat	0,0101
Sayat	0,0135
Clermont.	0,0148
Plauzat	0,1127
Vichel.	0,1215
Bouzel.	0,2636
Saint-Bonnet	0,3222
Beauregard - l'Evêque.	0,3479

Mais quelle est la proportion de sels de chaux qui peut se trouver sans aucun inconvénient dans les eaux potables? Aucune donnée certaine n'existe à ce sujet; tout ce que l'on peut dire, c'est qu'on peut considérer comme eaux potables, par rapport aux sels calcaires, toutes celles qui ne marquent pas plus de 30° à l'hydrotimétre de Boutrou et Boudet. Si les eaux ne contiennent la chaux qu'à l'état de carbonate, on peut les admettre sans notable inconvénient jusqu'à 50° hydrotimétriques; au-delà de 50°, quel que soit l'état de la chaux, une eau est mauvaise; à 80°,

elle est complètement insalubre et doit être rejetée pour
tous les usages domestiques (1).

Parmi les eaux étudiées dans ce mémoire, 30 ont un
degré hydrotimétrique au-dessous de 30°, 11 au-dessous
de 50ᵉ, et 9 au-dessus de ce nombre. (Voir le tableau placé
à la fin du mémoire.)

Magnésie. — La magnésie se trouve dans presque toutes
les eaux potables. M. Maumené avait annoncé que l'eau
des puits de Reims et de la rivière de Vesle qui alimente
les fontaines publiques de Reims n'en renfermaient pas,
mais des recherches plus récentes de M. Grange ont
montré que la magnésie existait en quantité très-appré-
ciable dans les eaux de cette ville. L'eau du Rhône examinée dans l'été de 1835, par M. Boussingault, ne lui a
pas donné de traces de magnésie.

On attribue généralement à la magnésie contenue dans
les eaux potables un rôle identique à celui de la chaux.
Elle jouit, en outre, d'une propriété purgative qui peut
occasionner des inconvénients tellement graves, qu'on ne
doit pas hésiter à proscrire l'usage d'une eau qui renferme
une proportion un peu forte de magnésie.

Le docteur Grange, dans un long et consciencieux travail sur les eaux des pays à goître, a pensé que le développement de cette infirmité était dû à l'existence de sels
magnésiens dans les eaux potables. Bon nombre d'observations semblent infirmer cette assertion. En effet, on
sait que la proportion de magnésie qui entre dans l'économie par les matières alimentaires, est bien supérieure
à celle qui y entre par la consommation de l'eau. A cette
objection, M. Emile Grange, fils du docteur de Genève, me

(1) M. Seeligmann a constaté qu'à Lyon les habitants de certains
quartiers recouraient de préférence à des eaux marquant 100°, 110°
et 120° hydrotimétriques.

répondit, il y a quelques mois, qu'il était parvenu à produire le goître artificiel sur des chiens, en leur faisant
boire une eau dans laquelle avait séjourné des matières
végétales et de la dolomie. D'après lui, cette infirmité
serait produite par la magnésie dissoute dans les eaux à
la faveur de matières organiques en décomposition. Si ce
fait se vérifie par de nouvelles expériences, le rôle de la
magnésie sera parfaitement établi.

Je dois encore ajouter que, d'après mes analyses, les
eaux de certaines localités du Puy-de-Dôme où l'on rencontre le plus de goîtreux renferment une plus grande
quantité de magnésie :

	Magnésie par litre d'eau.
Beauregard-l'Evêque, fontaine de la Motte. .	0ᵍ,0800
— puits de la commune .	0ᵍ,0310
Vertaizon, fontaine de l'Hôpital	0ᵍ,0990
— fontaine de l'Horloge. . . . ; . .	0ᵍ,0245
St-Bonnet, fontaine de la Madeleine.	0ᵍ,0542

Mais il n'en est pas toujours ainsi, pour le Puy-de-
Dôme du moins; dans d'autres localités où l'on trouve
aussi beaucoup de goîtreux, il y a très-peu de magnésie
dans les eaux, ainsi que le montrent les dosages suivants :

	Magnésie par litre d'eau.
Sauviat, fontaine de la Ste-Vierge. . .	0ᵍ,0047
Royat, fontaines.	0ᵍ,0038
Ruisseau de Fontanat.	0ᵍ,0035
Sayat, fontaines.	0ᵍ,0060
Chamalières	0,ᵍ0080

Alumine. — Dans toutes les eaux douces, sauf dans
celles de la Garonne, on a trouvé de l'alumine. C'est à
l'alumine dissoute par un excès d'acide carbonique que
M. Blondeau attribue le goût terreux si désagréable

de certaines eaux. Le plus souvent elle existe en quantité
si minime, qu'il est probable qu'elle n'a aucun effet sur
l'économie.

Fer. — Le fer existe dans toutes les eaux douces, mais
toujours en proportion excessivement minime. Le fer
entre dans la composition des globules du sang, de la
bile, etc. De plus, son action tonique sur l'économie est
bien connue, sa présence dans les eaux ne peut être
qu'utile.

Manganèse. — Le manganèse se trouve quelquefois dans
les eaux, mais seulement à l'état de traces. Je l'ai constaté d'une manière bien évidente sur le résidu de l'évaporation de 20 litres d'eau, de Clermont.

Il se rencontre dans la bile associé au fer.

M. Marchand, considère comme favorables à la santé
les eaux qui en contiennent.

Plomb. — On n'a jamais signalé la présence naturelle du plomb dans l'eau douce, mais on le rencontre
souvent dans l'eau qui a été en contact avec des tuyaux
de ce métal.

Je ne parlerai pas de l'action de l'eau sur le plomb, la
question est encore trop discutée aujourd'hui pour qu'on
puisse se prononcer d'une manière certaine.

J'ai reconnu des traces sensibles de plomb dans les eaux
de Clermont, de Royat, de Chamalières et de Sayat.

Matières organiques. — Il existe des matières organiques dans presque toutes les eaux. L'origine de ces matières, leur nature et leur composition est loin d'être
connue. On sait qu'elles ont une influence fâcheuse sur
l'économie, quand elles existent dans les eaux en quantité appréciable. L'observation montre que les fièvres

paludéennes, les dyssenteries peuvent être le résultat de l'usage des eaux stagnantes et croupies.

On trouve dans les eaux, des matières organiques en état d'altération ou de putréfaction, et des matières organiques vivantes :

Les feuilles, les racines, les bois, et en général toutes les parties végétales entraînées par les eaux, forment sous l'influence de la chaleur et de la lumière des produits de décomposition, auxquels on a donné le nom d'humoïdes. Ce sont eux qui jaunissent les eaux croupissantes. On trouve quelquefois dans certaines eaux de source les acides crénique et apocrénique, découverts par Berzélius.

Dans ce travail, j'ai évalué les matières organiques au moyen du permanganate de potasse, c'est à mon avis le seul procédé qui puisse actuellement donner des résultats comparables. J'y reviendrai avec plus de détails en parlant de l'analyse des eaux. Voici quelques résultats obtenus par ce procédé :

	Matières organiques par litre
Vertaizon, fontaine de l'Hôpital. . . .	0g,0000
— fontaine de l'Horloge . . .	0g,0016
Royat, fontaines.	0g,0016
Clermont.	0g,0048
Ruisseau de Fontanat.	0g,0096
Beauregard-l'Ev., puits de la commune.	0g,0080
— puits du château . .	0g,0128
— puits Morel	0g,0432
St-Avit, puits Chevalier.	0g,0192
— puits Gorsse	0g,0784
Sauviat, fontaine de la Ste-Vierge . .	0g,0304
— puits Derossis	0g,0528
Vichel, fontaine de la commune. . . .	0g,0080
— puits Pinet.	0g,3408

On voit par ces nombres que les quantités de matières organiques sont très-variables, et même très-différentes pour les eaux d'une même localité.

La présence dans les eaux de petits êtres microscopiques, animaux ou végétaux, a été constatée depuis longtemps, mais on ne connaît encore guère les conditions de leur naissance et de leur accroissement. Les moyens de recherches dont je disposais ne m'ont pas permis de faire d'études microscopiques. D'ailleurs, ces recherches appliquées à l'étude des eaux potables n'ont pas encore donné de résultats bien satisfaisants, et dans l'état actuel de la science, il serait prématuré de tirer des conclusions de leur présence.

Du résidu fixe. — D'après un grand nombre d'analyses d'eaux potables, les auteurs s'accordent à conclure que, pour être bonnes, les eaux doivent contenir un résidu salin variant entre $0^g,1$ et $0^g,5$ par litre. Mais on emploie souvent des eaux dans lesquelles la somme des sels dissous est bien plus considérable, ainsi qu'on le voit par les nombres suivants :

	Résidu fixe par litre.
Montmorin	$0^g,5220$
Vertaizon, fontaine de l'Horloge.	$0^g,5600$
Le Crest, fontaine Vieille.	$0^g,6050$
Beauregard-l'Evêque, fontaine de la Motte .	$0^g,6320$
Sanviat, puits Jean Poux	$0^g,7200$
Saint-Bonnet, puits de la Madeleine	$1^g,0020$
Beauregard-l'Evêque, puits Morel	$1^g,2600$
— puits de la Commune. . .	$1^g,4720$
Bouzel, puits de la Commune	$1^g,5200$
Beauregard-l'Ev., puits de M. Gautier (jardin).	$2,^g0080$

Si ces eaux, d'un goût désagréable, peuvent être employées sans inconvénient bien sensible pour la santé de ceux qui y sont depuis longtemps habitués, il n'en est pas de même pour l'étranger qui en use pour la première fois. Pendant longtemps il est sujet aux coliques, aux mauvaises digestions, au dévoiement ; il faut qu'il subisse une sorte d'acclimatation.

Parmi les eaux étudiées dans le Puy-de-Dôme, beaucoup renferment une moindre proportion de sels, ainsi que le montre le tableau suivant :

	Résidu fixe · par litre.
La Celle	0^g,0460
Sauviat, fontaine d'en Haut	0^g,1150
Ruisseau de Fontanat.	0^g,1150
Saint-Pierre-Roche	0^g,1172
Royat, fontaines	0^g,1350
Sayat	0^g,1360
Le Crest, fontaine du Moutier	0^g,1595

TROISIÈME PARTIE

De l'analyse des Eaux.

D'après ce qui précède, il résulte que pour savoir si une eau est propre aux divers usages économiques auxquels on la destine, son analyse chimique est indispensable. Aussi, n'entrerai-je dans aucun détail sur l'importonce de l'analyse des eaux.

Tous les chimistes qui se sont occupés d'analyses d'eaux savent combien ces opérations sont délicates. Certaines matières salines s'y trouvent parfois en quantité si minime, qu'un seul procédé ne suffit pas pour mettre leur présence hors de doute, les résultats doivent encore être contrôlés par des procédés plus sensibles, si cela est possible. Il était donc indispensaple, avant de commencer ce travail de soumettre les différentes méthodes de recherches et de dosages à des vérifications minutieuses. Après avoir établi d'une manière rigoureuse la méthode que je devais suivre, et pour rendre mes résultats comparables en tout point, chaque eau a été traitée par le même procédé et soumise aux mêmes expériences, en sorte que si la marche que j'ai suivie présente quelques chances d'erreurs, ces erreurs sont applicables à toutes les eaux examinées.

Opérations préliminaires exécutées à la source. — Le chimiste qui se livre à l'analyse des eaux doit recueillir lui-même les échantillons, et faire les opérations qui doivent être exécutées sur place. Et, en effet, à quelle certitude scientifique peut-on prétendre lorsque la température d'une eau a été prise par une main inexpérimentée

qui ignore souvent que la température de l'eau d'un puits
par exemple, est bien différente selon qu'on plonge le
thermomètre dans le vase qui a servi à la puiser, ou dans
le puits lui-même ? Une analyse peut-elle être exacte,
lorsque le liquide aura été recueilli par une personne de
bonne foi certainement, mais peu au courant de ce genre
d'opérations, et qui, au lieu de choisir un vase parfaite·
ment exempt de toute impureté, ou un liége bien neuf et
bien homogène, se contentera du premier flacon qu'elle
rencontrera, d'une bouteille qui souvent renferme du
tartre, se servira d'un bouchon poreux ou tout autrement
défectueux ?

Détermination de la température. — Toutes les températures ont été prises avec le thermomètre à alcool de
Janssen, donnant le $\frac{1}{5}$ de degré, et parfaitement vérifié.

Pour toutes les déterminations, le thermomètre est
resté environ dix minutes dans l'eau, et l'opération a
toujours été répétée jusqu'au moment où on a trouvé des
nombres concordants.

Prise d'échantillons. — On voit encore ici la nécessité
pour le chimiste de se rendre lui-même sur les lieux de
puisement. A Vichel et à St-Avit par exemple, villages
alimentés par des puits, il est indispensable avant de se
décider pour tel ou tel, de prendre les titres hydrotimétriques des plus fréquentés, de consulter les habitants, le
maire, ou l'instituteur, sur les qualités attribuées aux
eaux dans le pays. On doit, en outre, noter la position
des puits, leur profondeur, la hauteur d'eau, voir s'ils ne
reçoivent pas d'infiltrations. Toutes ces observations
expliquent souvent l'origine de matières nuisibles dans
les eaux.

Quand on a fait le choix de l'eau qui doit être analysée,
on en remplit une bonbonne de trente litres, après l'avoir

rincée trois ou quatre fois avec l'eau à examiner. On bouche avec un liége neuf qu'on recouvre ensuite de cire pour remédier à sa porosité. Puis, on recueille avec les mêmes soins deux litres de chacune des eaux des principaux puits.

ANALYSE QUALITATIVE.

L'analyse qualitative des eaux douces consiste en une série d'operations destinées à indiquer d'une manière rapide quels sont les principes minéralisateurs contenus dans l'eau à examiner, et quels sont ceux, au contraire, qui font défaut. Mais on a généralement abandonné cette méthode, on est parti de ce point de vue, que toutes les matières organiques ou inorganiques pouvaient se trouver dans les eaux et devaient y être recherchées. Evidemment l'analyse qualitative devient, par cela même inutile, puisqu'on ne se propose pas de doser tels et tels éléments, mais bien tous, à mesure qu'ils se présenteront. Néanmoins, j'ai soumis toutes les eaux étudiées à l'action des réactifs, et j'ai consigné les résultats dans des tableaux placés à la fin de ce mémoire. J'ai noté aussi dans ces tableaux les propriétés physiques des eaux.

J'ai recherché : les sulfates, au moyen du chlorure de baryum en présence de l'acide azotique;

Les nitrates, avec la solution aqueuse de brucine et l'acide sulfurique;

Les chlorures, avec le nitrate d'argent en présence de l'acide azotique;

L'acide carbonique, avec l'eau de baryte;

La chaux, avec l'oxalate d'ammoniaque;

La magnésie avec l'ammoniaque (1).

---

(1) Les résultats obtenus par ce procédé sont fort incertains, car les eaux riches en carbonate de chaux soluble à la faveur de l'acide carbonique précipitent par l'ammoniaque quand même il n'y a pas de magnésie.

Les bicarbonates avec la teinture alcoolique de campêche.

Enfin l'action de la chaleur, en chassant l'acide carbonique a précipité les corps qu'il tenait en dissolution.

Recherche de l'iode. — L'importance que l'on attache à la présence de l'iode dans les eaux potables me l'a fait rechercher avec beaucoup de soins par les procédés suivants qui, je l'espère, mettent hors de doute mes résultats.

Pour l'eau de Clermont, l'opération a porté sur 40 litres, évaporés au-dessous de l'ébullition après y avoir ajouté 4 ou 5 grammes de potasse pure et caustique. Le résidu légèrement calciné pour détruire les matières organiques a été traité à plusieurs reprises par de l'alcool à 90°. La solution alcoolique a été évaporée à sec au bain-marie.

Puis on a ajouté : quelques gouttes d'eau pour dissoudre le résidu, de l'empois d'amidon, quelques cristaux d'azotite de potasse, et un peu d'acide sulfurique étendu ; il ne s'est pas manifesté la moindre coloration bleue ou rougeâtre, indices de la présence de l'iode.

Pour avoir de la potasse parfaitement privée d'iode, on peut opérer comme il suit : on pulvérise du bitartrate de potasse, on le lave par décantation avec de l'eau distillée qui a pour but d'enlever les sels solubles, et on le décompose au rouge, puis on reprend la masse grise par l'eau distillée, la solution de carbonate de potasse ainsi obtenue est traitée par un lait de chaux pure. Quand tout le carbonate est décomposé, on décante et on évapore à sec dans une capsule en argent.

Pour les autres eaux, j'ai opéré sur 4 ou 5 litres seulement. Avec les eaux riches en chlore, j'ai employé le procédé suivant : J'ai ajouté à 5 litres d'eau un peu d'acide azotique pur et un excès d'azotate d'argent, qui précipite tout le chlore, et l'iode s'il existe dans l'eau ; le précipité recueilli est abandonné pendant deux ou trois heures, dans un flacon, avec de l'eau de chlore ; au bout de ce temps, on filtre ; s'il y a de l'iode, il se trouve dans la dissolution à l'état de chlorure d'iode. Cette dissolution est additionnée d'un léger excès de potasse pure. On évapore à sec, on calcine légèrement le résidu, puis on le traite comme je l'ai dit plus haut.

Par le procédé de M. Bouis, je suis encore arrivé au même résultat. Ce procédé consiste à distiller l'eau à examiner avec quelques grammes de perchlorure de fer ; si de l'iode existe dans l'eau, il se trouve dans les premières gouttes du liquide qui distille, qu'il suffit alors de mettre en présence d'empois d'amidon pour avoir la couleur bleue caractéristique.

Recherche de l'arsenic et du plomb. — Le résidu de l'évaporation de 20 litres d'eau, séparé de la silice, est traité à chaud par un courant lent d'hydrogène sulfuré pendant une heure environ. Quand le précipité est bien rassemblé, on le filtre, lave et dessèche, puis on le broie avec douze parties d'un mélange bien sec formé de trois parties de carbonate de soude et une partie de cyanure de potassium. On introduit le mélange dans un tube à réduction de huit millimètres de diamètre étiré à l'une de ses extrémités, l'autre extrémité est fixée à un appareil à acide carbonique ; puis on dégage l'acide carbonique, qui se dessèche dans un flacon d'acide sulfurique ; quand le courant est assez ralenti pour que les bulles se succèdent de seconde en seconde, on chauffe le mélange au rouge, et s'il y a de l'arsenic, il vient se rassembler dans la partie étirée du tube à réduction. D'après Frésenius et de Babo, $\frac{1}{10}$ de milligramme de sulfure d'arsenic donne un dépôt d'arsenic miroitant très-visible. Comme je n'ai pas trouvé d'arsenic dans les eaux examinées, il en résulte que, s'il en existe, il y en a moins de $\frac{3}{1000}$ de milligramme par litre.

Le résidu qui reste dans le tube à réduction est traité par l'acide azotique; la liqueur, additionnée d'hydrogène sulfuré, donne un précipité noir de sulfure de plomb, qui se transforme en sulfate blanc par la concentration.

J'ai vérifié mes recherches par la méthode électrolytique de MM. Mayençon et Bergeret, de Saint-Léger (1). D'après ces chimistes, si, dans de l'eau contenant un sel de plomb, on fait passer un excès d'hydrogène sulfuré et qu'on filtre, tout le plomb ne reste pas sur le papier; la liqueur claire en renferme encore. On s'en assure en y faisant passer le courant d'une pile; le fil de platine représentant l'électrode négative se voile alors par le dépôt du plomb déterminé par électrolyse. Ce plomb est mis en évidence de la manière suivante : le fil voilé est exposé quelques secondes au chlore gazeux; le plomb, s'il y en a, est ainsi transformé en chlorure; on le dépose, par une légère friction, sur un morceau de papier blanc sans colle, imbibé d'une solution très-étendue d'iodure de potassium; on obtient ainsi un trait jaune d'iodure de plomb. Il est bon de vérifier ce premier résultat par l'é-preuve suivante : le fil de platine voilé et chloruré, étant imparfaitement débarrassé du chlorure de plomb, est essuyé de nouveau sur un papier blanc ordinaire, qu'on expose ensuite aux vapeurs d'hydrogène sulfuré : un trait brun apparait. Par ce procédé, j'ai constaté la présence du plomb dans l'eau de la fontaine de la Pyramide, à Clermont. Je me propose de le rechercher encore dans les eaux de différentes fontaines de la ville.

Recherche du fer, de l'alumine et du manganèse. — La liqueur, séparée du précipité produit par l'hydrogène sulfuré, est traitée par l'ammoniaque (si on se propose de doser l'acide phosphorique, on prend la moitié seulement du

---

(1) Comptes-rendus, 16 février 1874.   3

liquide); il se forme un précipité qu'on recueille sur filtre et qu'on lave. On traite une partie de ce précipité par la potasse; on lave; la solution obtenue, saturée par un acide, donne avec l'ammoniaque un précipité blanc floconneux, s'il y a de l'alumine. Le résidu insoluble dans la potasse est dissout dans l'acide chlorhydrique, additionné d'une goutte d'acide azotique; la solution précipite en bleu par le cyanoferrure de potassium, quand il y a du fer.

La deuxième partie du précipité sert à la recherche du manganèse; on le calcine, on ajoute de l'acide azotique pur et on porte à l'ébullition; on évapore, en ayant soin de ne pas pousser l'opération jusqu'à sec, car l'azotate de manganèse se décomposerait; on étend d'un peu d'eau, on porte à l'ébullition, puis on enlève le feu et on ajoute du minium. S'il y a du manganèse, la liqueur se colore en violet par le permanganate produit. M. A. Leclerc, préparateur à la Station agronomique de l'Est, a fondé sur cette réaction un procédé pour doser le manganèse dans les sols et dans les végétaux.

ANALYSE QUANTITATIVE.

L'analyse volumétrique est d'un grand secours pour le dosage des éléments des eaux. La méthode des volumes a cet avantage qu'elle épargne du temps et donne, dans la plupart des cas, des résultats aussi exacts et bien souvent plus rigoureux que par la méthode des pesées. C'est pourquoi je l'ai toujours suivie quand cela a été possible.

Dosage des gaz. — Jusqu'à ces dernières années, on s'est servi, et on se sert encore souvent aujourd'hui, du procédé de Priestley pour extraire les gaz de l'eau. Je n'insisterai pas sur les nombreuses causes d'erreurs que comporte ce procédé ; elles sont trop connues des chimistes. Chacun sait qu'une partie de l'eau est chassée du ballon avant d'avoir perdu son gaz et que les volumes obtenus sont toujours trop faibles. On sait, de plus, que M. Hervé-Mangon a montré, en 1869, que par le vide on obtient un volume de gaz plus considérable que par la chaleur. Depuis cette époque, M. Gréhant a imaginé une pompe à mercure qui permet de doser les gaz de l'eau avec une grande précision. N'ayant pas à ma disposition l'appareil de Gréhant, j'ai dû recourir à l'appareil classique de Priestley, qui consiste en un ballon d'un litre de capacité, muni d'un tube de dégagement qui vient se rendre sous une éprouvette placée sur une cuve à eau. Le ballon, le tube et l'éprouvette étant entièrement remplis de l'eau soumise à l'expérience, on chauffe le ballon très-lentement jusqu'à l'ébullition ; quand on juge que tous les gaz ont été expulsés de l'eau, on retire le tube de dégagement et on laisse l'éprouvette reprendre la température ambiante. On note avec soin cette température, ainsi que la pression atmosphérique et le volume des gaz. On introduit dans l'éprouvette de la potasse qui absorbe l'acide carbonique, puis on note de nouveau le volume. Il reste dans l'éprouvette de l'azote et de l'oxygène, qu'on sépare par l'acide pyrogallique et la potasse. On ramène à 0 et à 760 ces différents volumes, et on a la quantité de gaz contenue dans un litre d'eau.

De l'évaporation des eaux. — L'évaporation se fait dans une capsule en porcelaine chauffée sur un fourneau à gaz. Pour entretenir un niveau constant dans la capsule, M. Fontaine, pharmacien en chef de la marine, a imaginé un appareil qui ne nécessite pas une surveillance constante. Cet appareil se compose d'un flacon de Mariotte muni à sa tubulure inférieure d'un tube de verre recourbé en siphon étiré à son extrémité. Au sommet de la partie courbe, on souffle un petit renflement. Le flacon étant rempli d'eau, on introduit un tube droit à travers un bouchon par la tubulure supérieure, puis on plonge l'extrémité du tube siphon dans la capsule et en soufflant vivement par le tube droit on amorce le siphon en expulsant, par un rapide courant de liquide, la bulle d'air qui tend à se maintenir au sommet de la courbure du siphon. Alors l'appareil fonctionne comme un flacon de Mariotte. Mais quand les eaux sont fortement chargées de gaz, il en pénètre souvent assez vite dans la partie courbe du tube siphon pour qu'il cesse d'être amorcé. Aussi ai-je modifié l'appareil de M. Fontaine en sondant, à la place de la soufflure du tube siphon, un tube à boule d'environ vingt centimètres cubes de capacité; ce tube est terminé par une poire en caoutchouc. Le flacon et la capsule étant remplis d'eau, on presse la poire en caoutchouc, ce qui chasse l'air contenu dans le siphon. En laissant la poire reprendre sa forme naturelle, l'air chassé est remplacé par de l'eau, et le siphon est amorcé. On comprend qu'il faudra très-longtemps pour que la quantité d'air qui se dégage dans le tube siphon soit assez considérable pour remplir la boule qui le surmonte et par suite faire cesser son écoulement. Cet appareil ne demande pas de surveillance. J'ai toujours fait mes évaporations dans une capsule de deux litres recouverte d'une feuille de papier; à la fin de l'opération, le liquide était transvasé dans une plus petite capsule, et l'opération terminée au bain-marie.

Dosage du résidu par litre. — Pour toutes les eaux examinées, le résidu par litre a été obtenu en évaporant deux litres d'eau dans une capsule en platine de 8 centimètres de diamètre, alimentée par un flacon de Mariotte semblable à celui que je viens de décrire. L'évaporation terminée, la capsule était chauffée dans l'étuve à huile à 120° jusqu'à ce que son poids soit constant.

Tous les chimistes qui se livrent à l'examen des eaux connaissent le peu d'exactitude de ce genre de dosage ; aussi attachent-ils peu d'importance à la différence qui existe toujours entre le poids du résidu salin et la somme des éléments dosés.

Dosage de la silice. — J'ai montré les grandes différences entre les poids de silice trouvés dans les eaux de Clermont par MM. Pétrequin, Bergouhnioux et moi. Aussi, je donnerai avec détails le procédé qui m'a servi pour mes déterminations.

On calcine légèrement, pour détruire les matières organiques, le résidu de l'évaporation de deux litres d'eau obtenu comme il est dit plus haut ; on le traite par l'acide chlorhydrique concentré et on évapore à siccité au bain d'huile, à la température de 110° (1). On chauffe le résidu en le remuant fréquemment, jusqu'à ce qu'il ne dégage plus de vapeur acide. Il ne faut jamais chauffer directement sur la lampe, car aux points où la température a été plus élevée, la silice se combine facilement aux bases pour faire des composés que l'acide chlorhydrique ne décompose plus ou décompose incomplètement. Après refroidissement, on humecte la masse avec de l'acide chlorhydrique, on laisse reposer une demi-heure, on chauffe au bain-marie, on ajoute de l'eau chaude, et on filtre ; on lave sur filtre, on dessèche, on incinère le filtre, on calcine au rouge, et on pèse. Le nombre obtenu, divisé par deux, donne la quantité de silice qui se trouve dans un litre d'eau. Cette méthode, recommandée par Frésénius, ne laisse rien à désirer.

(1) Si dans cette opération l'eau renferme des nitrates, la capsule de platine est légèrement attaquée par suite de la formation d'eau régale.

L'emploi de vases en porcelaine et l'application d'une température trop élevée pourraient expliquer l'excès de silice trouvée par MM. Pétrequin et Bergouhnioux.

Dosage du chlore. — C'est la méthode volumétrique de Mohr que j'ai employée ; elle est basée sur les faits suivants : Si, dans la dissolution neutre d'un chlorure, on ajoute quelques gouttes d'une solution de chromate neutre de potasse, et si l'on y verse de l'azotate d'argent neutre, il ne se fera pas de chromate d'argent tant qu'il y aura une trace de chlore non précipité. Le chromate d'argent, qui se forme momentanément, est rouge ; il se voit très-bien au milieu du liquide faiblement jaunâtre, et il disparaît de suite par l'agitation tant qu'il y a du chlore non décomposé. De cette façon, on ne peut guère se tromper que d'une goutte sur la quantité de liquide nécessaire à la précipitation. Lorsque l'opération est achevée, le précipité et le liquide ont une couleur franchement rouge. Pour avoir de bons résultats, il est nécessaire d'opérer toujours dans les mêmes conditions, comme on doit le faire du reste dans toutes les méthodes volumétriques.

1^{cc} de la liqueur titrée d'argent qui m'a servi précipitait 0^g001 de chlore.

La solution de chromate de potasse était saturée à froid. Voici maintenant la marche à suivre pour exécuter un dosage : Pour les eaux renfermant peu de chlore, on en prend 250^{cc} que l'on concentre à 50^{cc}, on ajoute trois gouttes de la solution de chromate de potasse, puis le nitrate d'argent, jusqu'à coloration rouge ; le nombre de c.c. de nitrate d'argent employés, multiplié par quatre, indique la quantité de chlore pour un litre d'eau. Dans le plus grand nombre des cas, la concentration n'est pas nécessaire ; on peut opérer directement sur 50^{cc} d'eau.

Les nombres donnés par Mohr à l'appui de sa méthode sont très-satisfaisants, ce qui est du reste facile à établir ;

en effet, 1^{cc} de notre liqueur d'argent représente 0^g001 de chlore; nous savons qu'une goutte détermine nettement la fin de la réaction; une goutte représentant environ $\frac{1}{20}$ de c.c., l'erreur ne pourra être supérieure à $\frac{1}{20}$ de milligramme pour 50^{cc} d'eau, ou bien $0^g,001$ pour un litre, résultat qu'il est bien difficile d'atteindre par la méthode ordinaire de précipitation.

Dosage de l'acide sulfurique. — La liqueur, séparée de la silice, est traitée par du chlorure de baryum qui précipite l'acide sulfurique. Le précipité de sulfate de baryte passe très-facilement à travers les filtres; pour y remédier on ajoute au liquide une trace d'amidon et on porte à l'ébullition, alors le précipité s'agrége et se filtre très-bien. On le lave sur filtre à l'eau chaude, on le calcine avec une goutte d'acide azotique et on le pèse. Le poids de sulfate de baryte multiplié par $0^g,3436$ donne l'acide sulfurique contenu dans deux litres d'eau.

Dosage de l'acide carbonique des carbonates. — On le détermine rapidement par la méthode volumétrique suivante : On place dans une capsule en porcelaine 250^{cc} de l'eau à analyser, on y ajoute de la teinture de cochenille colorée en rouge-jaune faible en quantité suffisante pour avoir une belle coloration violette, puis on tire avec l'acide oxalique normal décime jusqu'à ce que la coloration violette disparaisse. Le nombre de c.c. d'acide multiplié par $0,0022$ indique la quantité d'acide carbonique combiné qui existe dans 250^{cc} de l'eau examinée.

Recherche et dosage de l'acide azotique. — La recherche qualitative de l'acide azotique se fait avec une très-grande facilité. Dans l'eau qui n'en contient que $0^g,001$ par litre, 1^{cc} suffit pour en constater la présence. Pour cela, on évapore à sec, sur un verre de montre, 1^{cc} de l'eau a essayer, on place ce verre sur une feuille de papier blanc, on dépose sur le résidu quelques gouttes d'une solution saturée à froid de brucine et 5 à 6 gouttes d'acide sulfurique, s'il y a de l'acide nitrique, il se manifeste immédiatement une coloration rose. Mais si on constate aussi facilement la présence de l'acide azotique, son dosage présente beaucoup de difficultés. On a publié un grand nombre de procédés pour l'opérer, mais bien peu donnent des résultats satisfaisants. Un des plus rigoureux, employé par M. Boussingault dans ses savantes recherches sur l'acide nitrique des eaux de pluie, repose sur l'observation de Liebig, qui avait remarqué qu'une trace d'acide nitrique décolore la solution d'indigo dans l'acide sulfurique. Ce procédé, assez long, demande une très-grande habitude pour saisir la fin de la réaction.

En 1847, Pelouze fit connaître une méthode fondée sur la propriété oxydante de l'acide azotique libre sur les sels de protoxyde de fer. D'après ce chimiste, on prend une quantité déterminée d'un sel de protoxyde de fer, et, après l'action de l'acide azotique, on dose le reste de protoxyde de fer avec le caméléon. Cette méthode présente plusieurs causes d'erreur, de plus, elle procède par reste. Mais, d'après les modifications de Mohr, elle donne rapidement de bons résultats. C'est cette méthode que j'ai suivie et que je vais exposer dans ce qui va suivre (1).

On décompose le nitrate par l'acide chlorhydrique en présence du sulfate double de fer et d'ammoniaque. Il se dégage du bioxyde d'azote AzO^2, 3 atomes d'oxygène se portent sur 6 atomes de protoxyde de fer pour former 3 atomes de sesquioxyde. Par conséquent, 6Fe corres-

(1) Mohr. — *Traité d'analyse chimique à l'aide des liqueurs titrées.* 2me édition française. — Traduction de Farthomme, page 331. — Paris, 1874.

pondent à AzO⁵ et 2 Fe dans le peroxyde correspondront à $\frac{AzO^5}{3}$. Mais en dosant le fer peroxydé avec l'iodure de potassium, l'atome d'iode éliminé représente 2 Fe, donc l'atome d'iode représentera $\frac{AzO^5}{3}$. Dès lors 1ᶜᶜ de la solution normale décime d'hyposulfite de soude qui équivaut à $\frac{1}{10000}$ d'iode, mesurera $\frac{0,0054}{3} = 0,0018$ d'acide azotique AzO⁵. (0,0054 $= \frac{1}{10000}$ d'atome d'acide azotique).

Ceci posé, voici la marche à suivre pour faire un dosage : On évapore à sec un litre d'eau. On traite le résidu par l'eau distillée, on filtre de nouveau et on évapore à siccité. Puis on ajoute le sulfate ferreux, et de l'acide chlorhydrique, la décomposition commence en chauffant un peu, le liquide devient vert-brun, on porte à l'ébullition dans un courant d'acide carbonique pour chasser complètement le bioxyde d'azote. On reconnaît que l'on est arrivé à ce point quand la liqueur a la couleur du perchlorure de fer, sans teinte verte. Alors on verse le liquide dans un flacon à l'émeri rempli d'acide carbonique, on ajoute de l'iodure de potassium, on ferme et on chauffe quelque temps au bain-marie à 60° environ. Après refroidissement, on ajoute de l'empois d'amidon et on titre l'iode mis en liberté par le perchlorure de fer, avec la solution normale décime d'hyposulfite de soude. La décoloration obtenue, il ne reste plus qu'à lire sur la burette graduée le nombre de c.c. employés, ce nombre multiplié par 0,0018 fait connaître la quantité d'acide azotique contenue dans un litre d'eau.

Les résultats donnés par Mohr à l'appui de sa méthode, ainsi que ceux que j'ai obtenus ne laissent rien à désirer.

Dosage du fer et de l'alumine. — On évapore 20 litres d'eau avec addition d'acide chlorhydrique, et on sépare la silice comme je l'ai indiqué plus haut.

Le liquide séparé de la silice est traité par l'ammoniaque, qui précipite l'oxyde de fer et l'alumine. On recueille le précipité sur un filtre, on le lave, calcine et pèse.

Dans le cas où on veut doser l'acide phosphorique, la marche est un peu changée. On divise en deux parties égales le liquide séparé de la silice ; dans l'une, on dose le fer et l'alumine comme je viens de le dire ; dans l'autre, pour être certain que tout l'acide phosphorique se précipitera, on ajoute $0^g,1$ ou $0^g,2$ d'alumine parfaitement pure en dissolution dans l'acide chlorhydrique, puis de l'ammoniaque, le précipité qui se forme est rassemblé sur un filtre et lavé longtemps à l'eau ammoniacale. J'indiquerai plus loin le procédé oui sert à en extraire l'acide phosphorique.

Dosage de la chaux. — Les liquides séparés du fer, de l'alumine et de l'acide phosphorique sont réunis dans une capsule en porcelaine. On concentre au volume de 200 ou 250^{cc}, puis on ajoute un excès d'oxalate d'ammoniaque qui précipite la chaux. Après un repos de douze heures à une douce chaleur, on recueille l'oxalate de chaux sur un filtre, on le lave à l'eau ammoniacale, on le dessèche et on le calcine dans un creuset de platine. On pourrait alors peser la chaux vive formée par la décomposition de l'oxalate, mais le dosage est plus exact en la transformant en sulfate par l'addition de quelques gouttes d'acide sulfurique. Le sulfate de chaux calciné est pesé, son poids, multiplié par 0,41, donne la chaux de vingt litres d'eau.

Dosage de la magnésie. — On recueille le liquide séparé de l'oxalate de chaux ainsi que les eaux de lavage dans un vase jaugé de 500^{cc}. A la moitié, représentant 10 litres d'eau (que l'on concentre si l'eau renferme peu de magnésie), on ajoute du phosphate de soude et de l'ammo-

niaque, il se forme immédiatement, surtout par l'agita-
tition, un précipité blanc cristallin de phosphate ammoniaco-magnésien qu'on laisse déposer pendant vingt-
quatre heures. On le filtre, lave à l'eau ammoniacale, et
on le calcine au rouge vif; le phosphate ammoniaco-
magnésien se décompose en donnant du pyro-phosphate
de magnésie, dont le poids, multiplié par 0,3664, donne
la magnésie contenue dans dix litres d'eau.

Dosage de la potasse et de la soude. — L'autre partie du
liquide séparée de la chaux est évaporée à sec dans
une capsule en platine, on ajoute quelques gouttes d'acide
sulfurique pur, on chauffe, les sels ammoniacaux sont
chassés et il reste dans la capsule des sulfates de magnésie,
de potasse et de soude. On reprend les sulfates par l'eau,
on ajoute de l'eau de baryte, qui précipite la magnésie
et l'acide sulfurique. On filtre, on a une liqueur qui renferme la potasse, la soude, et l'excès de baryte qu'on
précipite par un courant lent d'acide carbonique. Une
partie du carbonate de baryte formé entre en dissolution
à la faveur d'un excès d'acide carbonique, on chauffe pour
décomposer le bicarbonate et on filtre. Le liquide filtré
renferme alors la potasse et la soude à l'état de carbonates, qu'on transforme en chlorures par quelques gouttes
d'acide chlorhydrique; on évapore à sec, et on pèse les
chlorures. Puis, on ajoute du chlorure de platine, on évapore à sec au bain-marie; on reprend par l'alcool éthé-
risé qui enlève le chloroplatinate de soude soluble, et
laisse celui de potasse qu'on pèse; son poids, multiplié
par 0,193, donne la potasse.

Quant à la soude, on la dose par différence, sachant,
en effet, ce que dans l'opération précédente nous avions
de chlorures de potassium et de sodium, il nous sera
facile, à présent que nous connaissons la quantité de

chlorure de potassium, d'en déduire le chlorure de sodium, et par suite la soude.

Il est essentiel de dire que la séparation de la soude et
de la potasse présente des difficultés particulières. Si le
chloroplatinate de soude est soluble dans l'alcool éthé-
risé, il est toutefois certain que, lorsque la soude est do-
minante, il se produit toujours du chloroplatinate double
de soude et de potasse très-rebelle aux lavages, en sorte
qu'on est entre le double écueil de compter de la soude
comme potasse, si on lave à l'ordinaire, et de perdre de
la potasse si on insiste sur les broiements et les lavages
jusqu'à ce que le précipité de chloroplatinate de potasse
ait perdu toute trace de teinte orangée, pour ne con-
server que la teinte jaune serin qui le caractérise dans son
état de pureté parfaite.

Dosage de l'acide phosphorique. — Le dosage de l'acide
phosphorique dans les eaux présente de grandes difficultés. La plupart des méthodes recommandées par des
analystes distingués sont infidèles pour sa détermination.
Seul le procédé qui emploie comme réactif principal le
nitromolybdate d'ammoniaque donne des résultats ration-
nels et certains. Sonnenschein (1) a indiqué un procédé
de séparation de l'acide phosphorique par ce réactif.
Mais c'est seulement depuis les recherches du savant
M. Paul de Gasparin que le vague qui régnait sur les
conditions d'un dosage irréprochable a disparu. J'em-
prunte une partie des détails qui vont suivre au travail
de ce chimiste.

Préparation des liqueurs. — L'acide molybdique renferme toujours de l'acide phosphorique dont il faut le
purifier entièrement. A cet effet, on le fait digérer pen-

(1) *Journal f. prackt. chem.*, LIII, 343.

dant vingt-quatre heures au bain-marie avec de l'acide azotique étendu et on évapore à sec; de cette manière, tout l'acide phosphorique passe à l'état tribasique. Si l'on agit sur 10 grammes d'acide molybdique, on les dissout dans 40^{cc} d'ammoniaque caustique à 26°. On a préparé dans un grand verre à expérience 150^{cc} d'un liquide contenant 80^{cc} d'acide azotique à 40°, et le reste en eau distillée. On verse la dissolution molybdique ammoniacale dans la liqueur azotique en agitant constamment. Le réactif est préparé et pourra servir après qu'une digestion de huit jours environ en aura séparé tout l'acide phosphorique. 20^{cc} de ce liquide contiennent approximativement 1 gramme d'acide molybdique et suffisent à la précipitation complète de 25 milligrammes d'acide phosphorique, car l'expérience a montré que, pour avoir une précipitation complète, il faut que le poids de l'acide molybdique engagé soit quarante fois plus fort que celui de l'acide phosphorique à précipiter. L'acide phosphorique doit toujours être dosé en fin d'analyse, à l'état de phosphate bibasique de magnésie. On emploie pour cette précipitation une solution formée de 10 grammes de sulfate de magnésie, 10 grammes de chlorhydrate d'ammoniaque dissous dans 40^{cc} d'ammoniaque caustique à 26° allongés de 80^{cc} d'eau distillée. 5^{cc} de ce liquide suffisent à précipiter 1 décigramme d'acide phosphorique, quantité bien supérieure à celle que renferme l'eau. Ce réactif, comme le précédent, doit être préparé huit jours à l'avance, afin que l'acide phosphorique contenu dans le sulfate de magnésie se sépare.

Dosage. — Muni de ces deux réactifs, on prend le précipité d'alumine qui renferme l'acide phosphorique obtenu comme il a été dit à l'article *dosage du fer et de l'alumine*. Cette alumine est desséchée, puis pulvérisée dans un petit mortier d'agate; on le place dans une capsule en platine, on l'imbibe d'acide azotique et on calcine au

rouge afin de détruire les matières organiques. Le nitrate d'alumine se décompose en laissant l'alumine sous
forme d'une masse friable. On pulvérise, redissout plus
ou moins complètement dans l'acide azotique dilué, on
filtre et on lave sur filtre. Le liquide azotique de lavage
est mis en digestion pendant seize heures au bain-marie
pour ramener l'acide phosphorique à la forme tribasique.

Le liquide réduit à quelques c. c. est reçu dans un
verre à expérience et allongé de 20^{cc} de nitromolybdate
d'ammoniaque. On laisse le mélange en digestion vingt-
quatre heures, en agitant avec précaution de temps en
temps, et évitant les frictions sur les parois. Au bout de
ce temps, on reçoit le précipité sur un petit filtre lavé
d'avance avec le réactif, et, la filtration achevée, on lave
avec le nitromolybdate d'ammoniaque. On fait repasser
le phospho-molybdate d'ammoniaque lavé à travers le
filtre au moyen d'ammoniaque caustique étendue d'eau
distillée. Alors on verse dans la solution ammoniacale
le réactif au sulfate de magnésie à la dose de 5^{cc}. On filtre
au bout de vingt-quatre heures, on lave à l'eau ammoniacale. Le phosphate ammoniaco-magnésien desséché,
est calciné dans un petit creuset de platine. Le poids du
pyrophosphate de magnésie, multiplié par 0,64, donne
celui de l'acide phosphorique contenu dans dix litres
d'eau.

Pour avoir un dosage complet, M. de Gasparin recommande d'ajouter au poids du pyrophosphate de magnésie 0^{g}0018 pour pertes occasionnées par la solubilité
du phosphate ammoniaco-magnésien dans les liquides de
précipitation et de lavage.

Dosages des matières organiques. — Les divers procédés
analytiques employés jusqu'à présent pour le dosage des
matières organiques des eaux sont loin de mériter con-
fiance, alors même que les résultats trouvés seraient cer-

tains, ils n'apprendraient rien sur la nature végétale ou animale des matières obtenues, et ne fourniraient aucune lumière sur leur altération. Je vais passer en revue les différents procédés et montrer que la défiance qu'ils ont inspirée à la plupart des chimistes qui les ont employés est fort légitime.

Dupasquier a proposé le chlorure d'or comme un moyen de reconnaître s'il y avait ou non des matières organiques en quantité appréciable dans l'eau. On introduit dans l'eau placée dans un ballon quelques gouttes de chlorure d'or, de manière à lui donner une couleur jaune, et on fait bouillir la liqueur. Si l'eau renferme de la matière organique, la couleur passe au violet d'une manière d'autant plus tranchée que la proportion de matière organique est plus forte.

Le procédé de M. Fauré (1) revient à recueillir et à peser le dépôt qui se forme pendant l'ébullition de l'eau soumise à l'examen; puis, à enlever au liquide réduit à quelques grammes la matière organique non séparée par l'ébullition, au moyen de l'éther alcoolisé. Il considère le dépôt comme de l'albumine animale ou de l'albumine végétale coagulée. Quant à la matière soluble dans l'alcool éthéré, il la considère comme n'étant autre chose que de l'humus.

Je ferai remarquer que la première partie de l'analyse doit être défectueuse; en effet, l'acide carbonique qui tient en dissolution le carbonate de chaux se dégageant, le carbonate se précipite et se confond avec le résidu, dont le poids est alors plus grand que le poids de la matière organique coagulée.

Quant à la deuxième partie, il n'est pas démontré que

(1) Analyse chimique des eaux du département de la Gironde, par Fauré. Bordeaux, 1853.

toute la matière organique qui reste dans l'eau séparée du précipité obtenu par l'ébullition soit enlevée par l'éther alcoolisé.

Nous ajouterons que nous ignorons sur quoi se fonde M. Fauré pour établir qu'on obtient de l'albumine animale ou végétale dans le premier cas, et de l'humus dans le second.

Le procédé du *Formulaire pharmaceutique des hôpitaux militaires français* est peut-être encore moins exact que le précédent : il consiste à calciner au contact de l'air et au rouge le résidu de l'évaporation de l'eau desséchée à 130°. La différence du poids entre la pesée faite avant la calcination et celle faite après indique les matières organiques. En effet, je ferai remarquer que la calcination peut transformer partiellement les sulfates en sulfures, le chlore du chlorure de magnésium est chassé, les carbonates perdent de l'acide carbonique. Les nitrates sont décomposés. Avec des eaux riches en nitrates, j'ai vu apparaître en grande quantité des vapeurs d'acide hypoazotique. Par conséquent, la différence des poids obtenus après la calcination au rouge et après avoir desséché le résidu à 130°, donne un résultat trop élevé, et, comme on le voit, fort incertain. On recommande quelquefois d'ajouter au résidu calciné quelques gouttes de carbonate d'ammoniaque et de recalciner très-légèrement avant la pesée. Cette modification ne change guère les résultats.

M. Hervé-Mangon (1) a reconnu que les matières organiques de certaines eaux s'altèrent profondément pendant l'évaporation à 100°, soit à feu, soit à la vapeur, dans des vases de verre, de porcelaine ou de métal. L'oxygène

(1) Expériences sur l'emploi des eaux dans les irrigations, par Hervé-Mangon, Paris, 1869.

dissous dans l'eau froide, que l'on est obligé d'ajouter peu à peu pour évaporer une masse considérable de liquide dans un vase de dimension ordinaire, paraît jouer un rôle important dans cette altération. Quoi qu'il en soit, il s'est assuré qu'en dosant l'azote dans le résidu de 200 litres d'eau obtenu à 100° dans une bassine en cuivre, on en trouvait presque toujours beaucoup moins par litre que dans le résidu d'un petit volume seulement de la même eau évaporée dans le vide avec des précautions convenables. M. Hervé-Mangon a imaginé de doser l'azote des matières organiques dans le résidu au moyen du vide, par la combustion dans un tube à analyse organique. Par ce procédé, on a l'azote des nitrates, celui des sels ammoniacaux et celui des matières organiques; mais rien n'indique l'état et la quantité de ces matières organiques.

Frankland (1), dose l'azote des nitrates, des nitrites, des sels ammoniacaux et des matières organiques, puis le carbone, après avoir décomposé les carbonates au moyen de l'acide sulfureux. Ce procédé, comme le précédent, n'indique nullement la dose de matières organiques. Wanklyn, Chapmann et Smith (2) ont fait connaître un procédé fort ingénieux pour déterminer la matière organique des eaux, mais seulement la matière azotée.

Depuis le procédé indiqué par M. E. Monnier, pour doser les matières organiques des eaux au moyen du permanganate de potasse, beaucoup de chimistes ont employé ce réactif. C'est la modification de Fischer que j'ai suivie. Je sais parfaitement qu'elle n'est pas à l'abri de toute critique, mais elle est d'une exécution facile, et donne toujous des résultats comparables. Voici la mé-

---

(1) Journal of the chemical Society, ser. II, vol. VI, p. 109.
(2) Journ. chem. Soc. N. S., vol. V, p. 591.

thode, d'après le *Moniteur scientifique du docteur Quesne-ville* (janvier 1874) : le permanganate de potasse en solufion acide se décompose, en présence des matières organiques, d'après l'équation suivante :

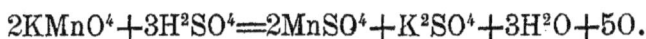

$$2KMnO^4 + 3H^2SO^4 = 2MnSO^4 + K^2SO^4 + 3H^2O + 5O.$$

Une solution normale de ce sel, c'est-à-dire une solution correspondant à un atome d'hydrogène, doit donc contenir par litre, en grammes, 0,2 molécules du sel, soit :

$$\frac{158,25}{5} = 31^g65 \ KMnO^4$$

Les solutions suivantes sont nécessaires pour le dosage :

Acide sulfurique. — On mélange 200 centimètres cubes d'acide sulfurique pur avec 800 centimètres cubes d'eau.

Acide oxalique au $\frac{1}{50}$. — On étend d'eau, jusqu'à concurrence de 1 litre, 20 centimètres cubes d'acide oxalique normal, ou bien on dissout dans l'eau distillée 1^g26 d'acide oxalique pur cristallisé et on amène à 1 litre le volume de la solution. Cette solution, ainsi que la suivante, doit être conservée à l'abri de la lumière.

Permanganate de potasse au $\frac{1}{50}$. — On étend 20 centimètres cubes de solution normale de permanganate d'une quantité d'eau suffisante pour amener le volume à 1 litre, ou bien on fait une dissolution de ce sel telle que 1 litre en contienne $0^g,633$.

1 centimètre cube de cette solution correspond à : 0,02 équivalents du sel en milligrammes = $0^{mgr},16$ d'oxygène = $3^{mgr},2$ de matière organique.

Voici maintenant comment on opère :

On chauffe à l'ébullition, dans un petit ballon, ou mieux dans une capsule en porcélaine, 200 centimètres cubes de l'eau à essayer avec 10 centimètres cubes de la solution d'acide sulfurique, et on ajoute alors assez de

solution titrée de permanganate pour qu'après cinq minutes d'ébullition le mélange conserve encore sa couleur
rouge. On éloigne la flamme, on verse dans le ballon
5 centimètres cubes de la liqueur d'acide oxalique, ce qui
détermine la décoloration du liquide, et on titre l'excès
de l'acide oxalique au moyen de la solution de caméléon.
Comme 5 centimètres cubes de liqueur oxalique décomposent 5 centimètres cubes de solution de permanganate, il n'y a qu'à retrancher 5 centimètres cubes du
nombre total de centimètres cubes que l'on a employé
de cette dernière solution. Le nombre trouvé, multiplié
par 0^{g}016 indique la matière organique d'un litre d'eau.

Hydrotimétrie. — Je termine la partie analytique de
ce travail en faisant connaître la méthode proposée par
MM. Boutron et F. Boudet (1) pour la recherche des matières inorganiques en dissolution dans les eaux de sources et de rivières.

« La méthode que nous proposons, disent les auteurs
de l'*hydrotimétrie*, a pour point de départ les curieuses
observations du docteur Clarke sur l'emploi de la teinture alcoolique du savon pour mesurer la dureté des
eaux. »

Elle est fondée sur la propriété si connue que possède
le savon de rendre l'eau pure mousseuse, et de ne produire de mousse dans les eaux chargées de sels terreux,
et particulièrement à bases de chaux et de magnésie,
qu'autant que ces sels ont été décomposés et neutralisés
par une proportion équivalente de savon, et qu'il reste
un petit excès de celui-ci dans la liqueur.

La dureté d'une eau étant proportionnelle aux sels terreux qu'elle contient, la quantité de savon nécessaire

(1) Hydrotimétrie, par MM. Boutron et Boudet. Paris, 1856.

pour y produire la mousse peut donner la mesure de sa dureté (1). »

La dissolution alcoolique de savon est titrée au moyen d'une dissolution de chlorure de calcium fondu, renfermant $0^g,25$ de ce sel par litre d'eau distillée. Je n'entre pas dans les détails de préparation de cette liqueur, ni dans ceux relatifs à la division de la burette. Je me borne à faire remarquer que 2,4 centimètres cubes sont dans la burette, partagés en 23 divisions égales, et que la liqueur d'épreuve doit être titrée de manière que 23 divisions soient rigoureusement nécessaires pour produire une mousse persistante avec 40 centimètres cubes de la solution normale de chlorure de calcium.

Il résulte de ces conditions que chaque degré de liqueur d'épreuve neutralisée par 40 centimètres cubes de dissolution normale représente $0^g,0114$ de chlorure de calcium par litre, et en admettant 6453 pour l'équivalent du savon, que chaque degré hydrotimétrique représente 1 décigramme de savon neutralisé par litre de dissolution normale (2).

Toute autre dissolution d'un sel de chaux ou de magnésie capable de former un composé insoluble avec les acides de savon peut être analysée aussi facilement que le chlorure de calcium, et on peut dresser un tableau du poids de ces divers sels qui répondraient à 1° hydrotimétrique.

Partant de là, il est clair qu'une eau de source ou de rivière contenant des sels de chaux ou de magnésie, le degré observé donnera tout à la fois la proportion de chlorure de calcium et la proportion de savon neutralisé équivalent à ces sels pour 1 litre d'eau examinée, et le

(1) Hydrotimétrie.
(2) Le nombre exact serait 0,106.

numéro d'ordre de cette eau, dans une classification mé-
thodique qui aurait pour point de départ l'eau distillée
représentée par zéro.

Si MM. Boutron et Boudet s'étaient arrêtés là, nous
n'aurions qu'à adopter purement et simplement leur méthode ; mais ils ont pensé faire de l'*hydrotimétrie* un véri-
table mode d'analyse quantitative de toutes les eaux.
Malheureusement, pour une analyse scientifique, il faut
une rigueur absolue; c'est ce qui manque à leur méthode.

Malgré cela, je considère l'essai hydrotimétrique des
eaux comme un excellent moyen de classification par
rapport à la richesse en sels calcaires, et qui doit être re-
commandé aux industriels.

Calcul de l'analyse des Eaux.

Dans l'état actuel de la science, les résultats obtenus
par les procédés que je viens d'exposer, n'indiquent nullement le groupement moléculaire des éléments. Cette détermination s'appuie toujours sur des considérations théo-
riques dont l'importance et la direction varient pour
chaque expérimentateur.

Voici en quels termes le docteur Armand Gauthier (1)
s'exprime sur cette importante question :

« Nous n'attachons qu'une très-faible importance au
groupement systématique des éléments séparément dosés
dans les eaux potables ou minérales.

« Nous sommes bien convaincu que, dans un mélange
de plusieurs acides et de plusieurs bases, *chaque acide est
combiné avec chaque base*, et comme le veut Berthollet,
en quantités proportionnelles à leurs puissances relatives.

(1) Etude des eaux potables. Paris, 1862.

Cette puissance est en rapport direct avec la masse de chaque élément et le degré d'insolubilité des combinaisons possibles, quels que soient du reste les sels qui ont été primitivement dissous par les eaux. Si l'on mélange, par exemple, de l'acide acétique à une dissolution de pyro phosphate de soude, on pourra s'assurer, par la coagulation de l'albumine, qu'une portion de l'acide pyro-phosphorique a été mis en liberté. L'acide carbonique, que déplacent tous les autres acides, enlève au chromate de potasse une partie de son acide chromique, et le fait passer de l'état de sel neutre jaune à celui de sel acide rouge. L'eau elle-même, en grande masse, détruit le borate d'argent en s'y substituant à l'acide borique. Que dirons-nous après cela de l'action des autres acides ?

» D'un autre côté, tout le monde connaît les phénomènes des doubles décompositions qui ont lieu entre les sels susceptibles de former, par l'arrangement de leurs éléments, des composés de solubilités différentes. Qui ne sait qu'en évaporant un mélange de sulfate de magnésie et de chlorure de potassium, il cristallise d'abord du sulfate de potasse ? Qui ne connaît la variabilité des sels qui se forment dans les eaux-mères des marais salants, selon que les différences de température, de concentration viennent changer la solubilité relative des nombreux groupements salins possibles.

» Aussi les diverses méthodes auxquelles on a eu recours pour reconnaître l'arrangement réel des matériaux dissous dans les eaux, sont-elles toutes fautives. On a proposé, par exemple, de surprendre pour ainsi dire les combinaisons telles qu'elles existent, en ajoutant directement aux eaux des liquides qui empêchent tels ou tels sels de rester dissous.

» Ainsi l'alcool versé en excès dans une dissolution de sulfate de chaux le précipite en effet ; mais ajoutez ce même alcool à un mélange fait d'avance d'azotate de

chaux et de sulfate de soude, et vous en précipiterez
encore la chaux à l'état de sulfate : preuve évidente, non
pas comme on le dit banalement, que le sulfate de chaux
se forme parce qu'il devient insoluble dans ce nouveau
milieu, mais preuve, comme nous le disions plus haut,
que dans un mélange de deux acides et de deux bases
chaque acide se trouve combiné à chacune des bases.

» Vicieuse dans ses déductions, la méthode dont nous
parlons ne saurait, du reste, s'appliquer à la séparation
de chaque sel en particulier.

» C'est en 1727 que Boulduc (1) publia un procédé d'analyse consistant à séparer par le filtre les divers sels qui
cristallisent successivement à mesure qu'on évapore les
eaux. C'est cette marche qu'a suivie de nos jours M. H.
Deville dans ses nombreuses analyses d'eaux potables.
Nous avons déjà dit qu'elle ne pouvait pas servir à déterminer l'arrangement réel des éléments dans le dissolvant
primitif. Ce n'est pas qu'on doive la dédaigner, loin de là,
elle donne des résultats précieux quand les eaux qu'on
étudie doivent servir à certaines industries, à l'alimentation des chaudières à vapeur, par exemple, en indiquant
la nature des sels qui se précipitent par l'ébullition, qui
tendent à se former par la concentration, etc.

» Pour nous, l'arrangement dans les eaux des matériaux minéralisateurs forme un tout, un système complet,
que je comparerais volontiers, pour me faire bien saisir,
à notre système planétaire, où chaque partie est intime-
ment reliée à toutes les autres par la force de l'attraction
mutuelle. L'ordre du groupement est la résultante des
affinités relatives; c'est un état instable avec les températures, la quantité du dissolvant, son repos ou son agitation, etc..., où tout existe à la fois en puissance, mais où
tout tend vers l'équilibre le plus stable.

(1) Fourcroy, Elém. d'histoire natur. et de chimie, t. III, p. 481.

» Au point de vue des qualités hygiéniques d'une eau potable ou même des propriétés thérapeutiques d'une eau minérale, le groupement des matériaux minéralisateurs n'a pas l'importance qu'on veut bien lui accorder et que quelques médecins y recherchent. Ce n'est pas, en effet, le sulfate de magnésie, le sulfate de cuivre qu'on aura noté dans une eau qui produit une action purgative ou émétique; ce sont tous les sels de magnésie et tous les sels de cuivre, en un mot, toutes les dissolutions de magnésium et de cuivre qui jouissent de ces propriétés spéciales. Ce ne sont pas les arséniates de potasse, de soude, de chaux, tels ou tels iodures, mais l'arsenic et l'iode eux-mêmes, qui sont les matières essentielles de leur activité, quel que soit du reste le groupement que l'on en admette. Aussi ne saurions-nous aucunement nous ranger du côté de ceux qui prétendent que les résultats d'une analyse, n'indiquant et ne pouvant, comme nous l'avons vu, indiquer l'arrangement absolu des sels, tel qu'il peut exister, laissent, au point de vue de la comparaison des diverses eaux et des déductions thérapeutiques, une chance d'erreur ou un *desideratum*. »

QUATRIÈME PARTIE

Etude de chacune des Eaux en particulier.

EAUX DE CLERMONT.

La ville de Clermont-Ferrand, située à l'est du puy de Dôme, est construite sur un monticule de pépérite grossière de 400 mètres environ d'altitude. Le voisinage des montagnes rend sa température très-variable.

Depuis 1511, l'eau potable qui alimente Clermont provient des sources qui jaillissent sous la lave à côté de la grotte de Royat. « La première cession faite par le sei-
» gneur de Royat est de 1511, la seconde de 1661.
» L'eau, qui est pure, limpide et fraîche, y jaillit par
» plusieurs jets sans interruption, et est recueillie dans
» un bassin en pierre. La première conduite fut entre-
» prise par Pierre Guichon, ingénieur de Liége; Gabriel
» Siméoni, ingénieur de Florence, en donna les devis et
» indiqua les moyens de sortir l'eau du bassin de la
» grotte, de vaincre les difficultés qui semblaient insur-
» montables; il s'agissait, en effet, de percer une masse
» de basalte très-dure, dans l'espace de 138 pieds, qui
» sépare la grotte du chemin de Royat où il fallait abou-
» tir. On creusa dans le rocher un passage haut de cinq
» pieds, large de quatre; ce travail, commencé en 1515,
» ne fut achevé qu'en 1558 (1).

» Cette conduite, chargée d'amener au château-d'eau
» les 120 pouces d'eau que la ville possède à Royat, fut

(1) Je ferai remarquer que la galerie qui sépare la grotte du chemin de Royat n'est pas creusée dans la lave, mais seulement dans le terrain qu'elle recouvre. Si on examine les parois de cette galerie, on y distingue des couches de sable remplies de paillettes brillantes, dues à du mica et des fragments de roches qui s'y trouvent mêlés,

» construite en maçonnerie, depuis le bassin de la
» grotte jusqu'au regard de Lussaut; de là jusqu'au
» regard des Roches ou de Taillandier, elle fut faite en
» tuyaux de bois; enfin des Roches au château-d'eau
» elle fut faite en poterie. Un peu plus tard, on substi-
» tua aux tuyaux de bois et de poterie des tuyaux en
» pierre de Volvic.

» Actuellement la conduite commence un peu au-dessus
» de la grotte de Royat, dite Grotte-du-Lavoir, et aboutit
» au regard du Gros-Bouillon, situé directement au-
» dessus de cette grotte. De là elle va au regard Epura-
» toire, situé à 70 mètres, en suivant une ligne à peu
» près droite, dirigée de l'ouest à l'est, direction qu'elle
» conserve jusqu'au regard de la Croix-de-Lussaut. A
» partir de ce point, elle s'incline légèrement vers le
» nord, et aboutit au château d'eau de la ville presqu'en
» ligne droite, en passant par les Roches et la plaine des
» Salles. Elle est en poterie depuis le regard du Gros-
» Bouillon jusqu'au regard Epuratoire. De là à la grotte
» fermée, dans l'espace de 35 mètres, le canal est en ma-
» çonnerie. De la grotte au regard de Lussaut, l'aqueduc
» est formé par une auge en pierre de Volvic, recou-
» verte par des dalles de même nature. De Lussaut au
» regard des Roches, la conduite est formée par la
» réunion de tuyaux de pierre de taille perforés à six
» pouces de diamètre intérieur. Enfin, de ce dernier
» point au château-d'eau de la ville, elle est formée de
» tuyaux de fonte de 5 à 6 pouces de diamètre intérieur.
» La longueur totale de la conduite est de 3,220 mètres,
» au lieu de 3,600 que l'on supposait exister, savoir : de
» Royat à Lussaut 700 mètres, de Lussaut aux Roches
» 950, et des Roches à Clermont 1,570 (1). »

(1) Babu et Pradier. — *Considérations hygiéniques sur les eaux
potables de Clermont*, page 17. — Clermont, 1858.

Mais cette conduite est depuis très-longtemps en mauvais état et est loin d'amener une quantité d'eau suffisante au château-d'eau, de là manque de fontaines.

Il est regrettable que Clermont, si bien pourvu d'abondantes sources d'eaux potables, se trouve dans ces conditions très-fâcheuses quant à leur aménagement. Dans un grand nombre de rues privées de fontaines, l'hygiène est absolument inconnue, les soins de propreté les plus élémentaires sont négligés, les logements malpropres et remplis de matières organiques en décomposition. L'abondance et la proximité de l'eau engagerait certainement les habitants à tenir leurs maisons et leurs personnes dans un état convenable de propreté.

La température de l'eau de Clermont paraît être constante. Si on la fait bouillir pendant très-longtemps dans un ballon de verre, elle laisse déposer des paillettes irrisées de silice.

Bouillie avec les légumes et les viandes, elle les cuit parfaitement; elle ne grumelle pas le savon. Elle se conserve dans des vases ouverts ou fermés sans y acquérir ni goût ni odeur ; mais il se forme à sa surface une pellicule qui, examinée au microscope, présente des algues.

On a pensé que les eaux de Clermont varient de composition avec les différentes époques de l'année; ce fait ne ressort pas de mes déterminations; je pense qu'il serait bon de faire de nouvelles analyses sur des échantillons puisés pendant d'autres mois de l'année.

L'excès de silice trouvée dans l'eau du regard de Lussaut se dépose certainement pendant le trajet de Lussaut à Clermont, puisque l'eau puisée le même jour au château-d'eau n'en renfermait que $0^g,035$ au lieu de $0^g,044$.

Caractères de ces eaux.

Limpidité. . . Parfaite.
Couleur.. . . Incolore.
Odeur. . . . Nulle.
Saveur. . . . Agréable.

Action des réactifs.

Chlorure de baryum et acide azotique ?
   Très-léger louche à peine sensible.
Solution de brucine et acide sulfurique ?
   Rien.
Azotate d'argent avec acide azotique ?
   Transparence légèrement altérée.
Eau de baryte ?
   Limpidité peu altérée.
Oxalate d'ammoniaque ?
   Trouble léger.
Ammoniaque ?
   Rien.
Teinture de Campèche ?
   Légèrement cramoisie.
Ation de la chaleur ?
   Rien.

Composition chimique.

Date de la prise d'échantillon: 23 fév. 1875 23 fév. 1875 25 mai 1875

		Regard de Lussaut	Château-d'eau	Château-d'eau
Température {	de l'eau.	11°.1	11°.1	11°.0
	de l'air.	8°.0	9°,2	17°.0
		cc	cc	cc
Gaz { Air {	Oxygène.	7,8—32.4	8,0—32.1	8,4—31.5
	Azote.	16,3—67.6	16,9—67.9	18,4—68,5
{ Acide carbonique. . .		5,2—»	6,0—»	3,6— »
		29,3—100,0	30,9—100,0	30,4—100,0

Titre hydrotimétrique.....	4º,5	4º,2	4º,2
Résidu par litre.........	0g,1480	0g,1400	0g,1340
Matières organiques évaluées par le permanganate de potasse..............	0 ,0052	0 ,0048	0 ,0048
Silice...............	0,0440	0,0350	0,0340
Chlore..............	0,0054	0,0054	0,0054
Acide phosphorique......	0,00033	0,00033	0,00033
— sulfurique........	0,0018	0,0018	0,0016
— carbonique combiné..	0,0298	0,0298	0,0300
Potasse.............	0,0083	0,0072	0,0071
Soude..............	0,0128	0,0125	0,0126
Lithine.............	traces	traces	traces
Chaux..............	0,0148	0,0135	0,0148
Magnésie............	0,0108	0,0105	0,0101
Oxyde de fer, alumine et oxyde de manganèse.....	0,0008	0,00085	0,0007
Plomb..............	traces	traces	traces

EAUX DE CHAMALIÈRES.

Ce village, bâti dans la plaine du salin, est alimenté par des eaux qui sortent dessous la lave du Pariou, à Fontmort.

On rencontre un grand nombre de goîtrêux à Chamalières. Les eaux de ce village présentent les caractères des bonnes eaux potables. Leur température paraît constante, comme on le voit par ces nombres :

Regard de Fontmort :
20 août 1873 — 10º,8
4 octobre 1873 — 10º,9
12 novembre 1873 — 11º,0 (1)

Fontaine en face de la Mairie :
22 novembre 1874 — 10º,9
2 mai 1875 — 10º,8

Caractères de ces eaux.
Fontaine en face de la Mairie.
Limpidité .. Parfaite.
Couleur.... Incolore.
Odeur .... Nulle.
Saveur.... Agréable.

(1) Ces nombres m'ont été communiqués par mon ami, M. E. Laval.

Action des réactifs.

Chlorure de baryum et acide azotique ?
  Très-léger louche à peine sensible.
Solution de brucine et acide sulfurique ?
  Rien.
Azotate d'argent et acide azotique ?
  Transparence légèrement altérée.
Eau de baryte ?
  Limpidité peu altérée.
Oxalate d'ammoniaque ?
  Trouble léger.
Ammoniaque ?
  Rien.
Teinture de Campêche ?
  Teinte légèrement cramoisie.
Ation de la chaleur ?
  Rien.

Composition chimique.

Date de la prise d'échantillon : 2 mai 1875.

Fontaine en face de la Mairie.

Température $\begin{cases} \text{de l'eau.} \dots \dots \dots & 10°,8 \\ \text{de l'air.} \dots \dots \dots & 18°,5 \end{cases}$

Gaz $\begin{cases} \text{Air} \begin{cases} \text{Oxygène.} \dots \dots \dots & 8^{cc},0-30,8 \\ \text{Azote.} \dots \dots \dots & 17^{cc},9-69,2 \end{cases} \\ \text{Acide carbonique.} \dots \dots \dots & 4^{cc},5 \div \text{»} \end{cases}$

$$30^{cc},4-100,0$$

Titre hydrotimétrique. . . . . 5°,5
Résidu par litre. . . . . 0^g,1360
Matières organiques évaluées par le
  permanganate de potasse. . . . . 0^g,0160
Silice. 0,0325
Chlore 0,0080

Acide phosphorique.	0,00035
— sulfurique.	traces.
— carbonique combiné.	0,0246
Potasse.	0,0060
Soude.	0,0140
Lithine.	traces.
Chaux.	0,0149
Magnésie. . . . . :	0,0080
Oxyde de fer, alumine et oxyde de manganèse.	0,0010
Plomb.	traces.

EAUX DE ROYAT.

Ce village, situé sur une des branches de la coulée de lave de Gravenoire, à 3 kilomètres de Clermont, présente des rues sales et étroites, presque toujours humides; des maisons mal bâties, dont l'intérieur est à peine éclairé par quelques lucarnes.

Les goîtres y sont nombreux et les individus qui les portent sont souvent affectés de crétinisme.

Jusqu'en 1872, les fontaines de Royat ont été alimentées par une prise d'eau empruntée à la rivière de Tiretaine. Le canal de dérivation commençait à la Planche-Basse, à 500 mètres au-dessus du village, à l'endroit où le chemin de la vallée traverse la rivière.

Depuis 1872, Royat reçoit les eaux d'une source qui se trouve à une petite distance du village. Ces eaux laissent beaucoup à désirer au point de vue de l'aération, l'air qui y est contenu ne renferme que 18,1^{cc} d'oxygène pour 100. Nous pensons que le point d'émergence de la source est trop près des fontaines, et que l'eau n'est pas assez longtemps au contact de l'air. Il serait bon de la faire circuler à l'air libre, en ayant soin de renouveler les surfaces par des chutes réitérées.

L'analyse a porté sur un échantillon puisé à la fontaine près de la mairie, le 25 janvier 1875.

Caractères des eaux.

Limpidité. . .   Parfaite.
Couleur. . . .   Incolore.
Odeur. . . . .   Nulle.
Saveur . . . .   Agréable.

Action de réactifs.

Chlorure de baryum et acide azotique ?
    Très-léger louche à peine sensible.
Solution de burcine et acide sulfurique ?
    Rien.
Azotate d'argent avec acide azotique ?
    Transparence légèrement altérée.
Eau de baryte ?
    Limpidité peu altérée.
Oxalate d'ammoniaque ?
    Trouble léger.
Ammoniaque ?
    Rien.
Teinture de Campêche ?
    Teinte légèrement cramoisie ?
Action de la chaleur ?
    Rien.

Composition chimique.

Date de la prise d'échantillon : 25 janvier 1875.

Fontaine en face de la Mairie.

Température $\begin{cases} \text{de l'eau} \dots & 9^\circ,8 \\ \text{de l'air} \dots & 6^\circ,4 \end{cases}$

Gaz $\begin{cases} \text{Air} \begin{cases} \text{Oxygène} \dots & 4^{cc},8-18,1 \\ \text{Azote} \dots & 14^{cc},0-81,9 \end{cases} \\ \text{Acide carbonique} \dots & 5^{cc},6- \text{»} \end{cases}$

$24^{cc},4-100,0$

Titre hydrotimétrique. . . . . 4°,2
Résidu par litre. . . . . 0°,1350
Matières organiques évaluées par le
  permanganate de potasse. . . . . . 0°,0085

Silice. 0,0340
Chlore. 0,0044
Acide phosphorique. 0,00038
  — sulfurique. 0,0006
  — carbonique combiné. 0,0272
Potasse 0,0054
Soude 0,0074
Lithine. . . . . traces.
Chaux. 0,0101
Magnésie 0,0038
Oxyde de fer, alumine et oxyde de
  manganèse. 0,0005
Plomb. . . . . traces.

EAU DU RUISSEAU DE FONTANAT,

Puisée à la Planche-Basse.

Le village de Fontanat, bâti sur la lave et sur des blocs de granit, est remarquable par l'abondance de ses eaux. Ses sources s'chappent de l'extrémité de la coulée de laves et vont réunir leurs eaux pour former le ruisseau que la pente de la vallée change en torrent.

Ce ruisseau, nommé autrefois Scatéon, se divise en deux bras au-dessus de Chamalières; celui du nord est nommé Tiretaine ou Beda, celui du midi Artier. Cette eau est très-apte à la bonne préparation des aliments et au savonnage. Elle se conserve bien sans acquérir d'odeur.

L'eau qui a servi à notre analyse a été puisée à la Planche-Basse, par un beau temps, le 2 mai 1875.

Caractère de ces eaux.

Limpidité. . . . . . Parfaite.
Couleur. . . . . . . Légèrement colorée.
Odeur. . . . . Nulle.
Saveur. . . . . . Agréable.

Action des réactifs.

Chlorure de baryum et acide azotique?
    Très-léger louche à peine sensible.
Solution de brucine et acide sulfurique?
    Rien.
Azotate d'argent avec acide azotique?
    Transparence légèrement altérée.
Eau de baryte?
    Limpidité peu altérée.
Oxalate d'ammoniaque?
    Trouble léger.
Ammoniaque?
    Rien.
Teinture de Campêche?
    Teinte légèrement cramoisie.
Action de la chaleur?
    Rien.

Composition chimique.

Date de la prise d'échantillon : 2 mai 1875.

Planche-Basse.

Température { de l'eau. . . . . 9°,7
           { de l'air. . . . . 18°,0

Gaz { Air { Oxygène. . . . . 7cc,1—30,4
    {   { Azote. . . . . 16cc,2—69,6
    { Acide carbonique. . . . . 7cc,8— »

                             31cc,1—100,0

Titre hydrotimétrique.. . . . . 8°,0
Résidu par litre.. 0,1150
Matières organiques évaluées par le
   permanganate de potasse.. 0,0150

Silice. . . . . , . . . 0,0315
Chlore. 0,0036
Acide phosphorique. 0,0004
—   sulfurique.. 0,0008
—   carbonique combiné. 0,0127
Potasse. 0,0062
Soude. 0,0080
Lithine. . . . . traces.
Chaux. 0,0119
Magnésie. 0,0035
Oxyde de fer, alumine et oxyde de
   manganèse. 0,0010

EAUX DE SAYAT.

Sayat se trouve à 5 kilomètres de Clermont, sur la coulée du puy de Jumes, à une altitude de 447 mètres. Ce village est généralement mal bâti, on y rencontre un grand nombre de goîtreux.

L'eau des fontaines de Sayat sort sous la coulée de laves du puy de Jumes, à la Vernède, à 500 mètres environ de Sayat. Il est à remarquer que les villages de l'Argnat et du Mas qui se trouvent aussi sur la coulée de Jumes sont dépourvus de sources. La coulée n'abandonne ses eaux que quand elle arrive dans la plaine, à Sayat, à Féligonde, et surtout à Saint-Vincent.

L'eau est amenée par trois tuyaux en terre dans un château-d'eau, d'où elle est conduite aux fontaines par un tuyau en plomb de 25 mètres de long, qui se continue par des tuyaux en terre.

L'eau qui a servi à l'analyse a été puisée, le 7 février 1875, à la fontaine de la place de la Vialle. Sa température était de 6°,2. Au château-d'eau, la température de l'eau était de 8°,0, celle de l'air étant de 0°,8.

Caractères de ces eaux.

Limpidité. . . . Parfaite.
Couleur. . . . . Incolore.
Odeur. . . . . . Nulle.
Saveur. . . . Agréable.

Action des réactifs.

Chlorure de baryum et acide azotique ?
    Très-léger louche à peine sensible.
Solution de brucine et acide sulfurique?
    Rien.
Azotate d'argent avec acide azotique?
    Transparence légèrement altérée.
Eau de baryte ?
    Limpidité peu altérée.
Oxalate d'ammoniaque?
    Trouble léger.
Ammoniaque ?
    Rien.
Teinture de Campêche?
    Teinte légèrement cramoisie.
Action de la chaleur ?
    Rien.

Composition chimique.

Date de la prise d'échantillon : 7 février 1875.

Fontaine place de la Vialle.

Température { de l'air. . . . . 0°,8
              { de l'eau . . . . 6°,2

$$
\text{Gaz} \begin{cases} \text{Air} \begin{cases} \text{Oxygène} & \dots\dots\dots & 8^{cc},2\text{—}32,1 \\ \text{Azote} & \dots\dots\dots & 17^{cc},3\text{—}67,9 \\ \end{cases} \\ \text{Acide carbonique} & \dots\dots\dots & 7^{cc},4\text{— »} \end{cases}
$$

$$32^{cc},9\text{—}100,0$$

Titre hydrotimétrique.	5°,2
Résidu par litre.	0^g,1360
Matières organiques évaluées par le permanganate de potasse	0,0096
Silice	0,0350
Chlore.	0,0100
Acide phosphorique.	0,00035
— sulfurique	traces.
— carbonique combiné	0,0242
Potasse	0,0063
Soude	0,0152
Lithine	traces.
Chaux	0,0135
Magnésie..	0,0060
Oxyde de fer, alumine et oxyde de manganèse	0,0013
Plomb.	traces.

EAUX DE SAINT-PIERRE-ROCHE.

Le village de Saint-Pierre-Roche se trouve près de Rochefort, sur une colline basaltique qui domine la Sioule de 841 mètres d'altitude.

L'eau employée à Saint-Pierre-Roche vient d'une source située au puy Saint-Pierre. Elle ne tarit jamais, mais au moment où j'ai puisé l'échantillon qui a servi à l'analyse (22 juillet 1875), son débit était très-faible.

Cette eau, d'une limpidité parfaite, d'une saveur agréable, cuit parfaitement les aliments.

Il n'y a pas de goîtreux à Saint-Pierre-Roche.

Caractères de ces eaux.

Limpidité. . . . Parfaite.
Couleur. . . . . Incolore.
Odeur. . . . . . Nulle.
Saveur . . . . . Agréable.

Action des réactifs.

Chlorure de baryum et acide azotique ?
    Rien.
Solution de brucine et acide sulfurique ?
    Rien.
Nitrate d'argent avec acide azotique ?
    Transparence altérée.
Eau de baryte ?
    Limpidité peu altérée.
Oxalate d'ammoniaque ?
    Trouble léger.
Ammoniaque ?
    Rien.
Teinture de Campêche ?
    Cramoisi très-pâle.
Action de la chaleur ?
    Rien.

Composition chimique.

Date de la prise d'échantillon : 22 juillet 1875.

Température	{ de l'eau			$12°,0$
	{ de l'air.			$16°,5$
Gaz	Air	{ Oxygène.		$8^{cc},2 — 32,8$
		{ Azote.		$16^{cc},8 — 67,2$
	Acide carbonique.			$2^{cc},0 — $ »

$$27^{cc},0 — 100,0$$

Titre hydrotimétrique.	2°,5
Résidu par litre.	0ᵍ,1172
Matières organiques évaluées par le permanganate de potasse.	0°,0080
Silice.	0,0530
Chlore.	0,0050
Acide phosphorique.	traces.
— sulfurique.	0,0040
— carbonique combiné.	0,0158
Potasse	0,0043
Soude.	0,0126
Lithine	traces.
Chaux.	0,0092
Magnésie.	0,0045
Oxyde de fer, alumine et oxyde de manganèse.	0,0002

EAUX DU CREST.

Le village du Crest est situé sur un plateau de basalte formé par la coulée du puy Nadaillat. Ce plateau a 608 mètres d'altitude et présente le basalte en prismes informes, dont les angles sont arrondis.

Le village est alimenté par deux fontaines : l'une, la *fontaine du Moutier*, n'existe que depuis l'année 1856; ses eaux proviennent du *lac mort*, commune de Chanonat, à environ 1500 m. du Crest; elles cuisent très-bien les aliments; l'autre, dite *Fontaine Vieille,* n'est plus guère employée depuis la création de la fontaine du Moutier; elle est du reste un peu éloignée du village. Ses eaux servent surtout aujourd'hui à laver le linge et à abreuver les animaux.

Il existe près de la Mairie une source que la municipalité est sur le point d'acheter pour l'alimentation d'une partie du village; j'ai fait quelques déterminations sur son eau ; mais la composition doit être très-variable, car cette source, non captée, se trouve sur le bord du chemin et reçoit beaucoup d'infiltrations. Les nombres trouvés ne sont donc qu'approximatifs.

Les eaux puisées le 6 juillet 1875 ont donné les résultats suivants :

Caractères de ces eaux.

	Font. du Moutier.	Fontaine Vieille.	Font. sous la Mairie.
Limpidité. .	Nébuleuse. —	Parfaite. —	Trouble.
Couleur. . .	Louche.	— Incolore. —	Laiteuse.
Odeur. . . .	Nulle.	— Nulle.	— Nulle.
Saveur . . .	Agréable.	— Agréable.—	Peu agréable.

Action des réactifs.

Chlorure de baryum et acide azotique ?
    Très-léger louche.
Solution de brucine et acide sulfurique ?
    Rien.
Nitrate d'argent avec acide azotique ?
    Transparence légèrement altérée.
Eeau de baryte ?
    Trouble léger.
Oxalate d'ammoniaque ?
    Trouble assez prononcé.
Ammoniaque ?
    Rien.
Teinture de Campêche ?
    Cramoisi assez prononcé.
Action de la chaleur ?
    Rien.

Composition chimique.

Date de la prise d'échantillon, Fontaine du Moutier, 6 juillet 1875.

Température : $\begin{cases} \text{de l'eau.} \dots \dots \dots & 12°,1 \\ \text{de l'air.} \dots \dots \dots & 21°,8 \end{cases}$

$$
\text{Gaz} \begin{cases} \text{Air} \begin{cases} \text{oxygène.} \dots\dots\dots\dots & 7^{cc},8—30,0 \\ \text{azote.} \dots\dots\dots\dots & 18^{cc},2—70,00 \end{cases} \\ \text{Acide carbonique.} \dots\dots\dots & 3^{cc},0— \quad » \end{cases}
$$

$$29^{cc},0—100,0$$

Titre hydrotimétrique.	7°,0
Résidu par litre.	0,1595
Matières organiques évaluées par le permanganate de potasse.	0,0112
Silice.	0,0285
Chlore.	0,0062
Acide phosphorique.	0,0037
— sulfurique.	0,0037
— carbonique combiné.	0,0037
Potasse.	0,0036
Soude.	0,0084
Lithine.	traces.
Chaux.	0,0286
Magnésie.	0,0118
Oxyde de fer, alumine et oxyde de manganèse.	0,0007

Composition comparée des eaux du Crest.

	Font. du Moutier	Font. Vieille	F. de la Mairie
Température de l'eau	12°1	— 10°6	— 14°0
Titre hydrotimétrique	7°0	— 15°0	— 28°5
Résidu par litre	0ᵍ1595 —	0ᵍ3050 —	»
Chlore	0ᵍ0062 —	0ᵍ0440 —	0ᵍ0640
A. carbonique combiné	0ᵍ0387 —	0ᵍ0704 —	0ᵍ0660
Matières organiques	0ᵍ0112 —	0ᵍ0112 —	0ᵍ0640

EAUX DE MONTMORIN.

Le village de Montmorin est bâti sur le pic de ce nom, à 5 kilom. de Billom. Le pic de Montmorin, qui a 607 mètres d'altitude, est formé de basalte informe et non prismé, noir, pyroxénique et péridoteux. Il sort des arkoses et des argiles sableuses.

Il y a peu de goîtreux à Montmorin. L'eau qui sert à l'alimentation du village vient de la fontaine de la Vialle, qui se trouve sur la pente du pic, au-dessous de quelques maisons. C'est cette position qui m'explique la grande quantité de matières salines qu'elle renferme et qui proviennent certainement des infiltrations des eaux ménagères.

Cette fontaine ne tarit jamais, ses eaux louchissent par les pluies; on les considère comme étant de bonne qualité; elles cuisent bien les aliments.

Caractères des eaux.

Limpidité. . . . Nébuleuse.
Couleur. . . . Louche.
Odeur. . . . . Nulle.
Saveur . . . . Assez agréable.

Action des réactifs.

Chlorure de baryum et acide azotique?
    Léger trouble.
Solution de brucine et acide sulfurique?
    Rien.
Nitrate d'argent avec acide azotique?
    Transparence altérée.
Eau de baryte?
    Limpidité altérée.

Oxalate d'ammoniaque?
    Trouble.
Ammoniaque?
    Nébulosité.
Teinture de campêche?
    Cramoisi.
Action de la chaleur?
    Rien.

Composition chimique.

Fontaine de la Vialle.

Date de la prise d'échantillon : 20 juillet 1876.

Température { de l'eau		$11°,6$
de l'air		$18°,2$
Gaz { Air { Oxygène		$7^{cc},2—28,4$
Azote		$17^{cc},6—71,6$
Acide carbonique		$16^{cc},2—$ »
		$40^{cc},8—100,0$
Titre hydrotimétrique		$13°,0$
Résidu par litre		$0,5220$
Matières organiques évaluées par le permanganate de potasse		$0,0192$
Silice		$0,0260$
Chlore		$0,0410$
Acide phosphorique		traces.
— sulfurique		$0,0254$
— azotique		$0,0532$
— carbonique combiné		$0,1047$
Potasse		$0,0062$
Soude		$0,0980$
Lithine		traces.
Chaux		$0,0897$
Magnésie		$0,0465$
Oxyde de fer, alumine et oxyde de manganèse		$0,0026$

EAUX DE SAUVIAT.

Le petit village de Sauviat est situé au sud de Courpière, à une altitude de 596 mètres, sur un sommet granitique qui domine la Dore. Ce village est mal bâti, ses
maisons sont basses, mal éclairées et mal aérées. Les
rues sont sales et étroites.

J'y ai remarqué un assez grand nombre de goîtreux et
quelques crétins.

Sauviat est alimenté par deux fontaines et trois puits.

La fontaine que l'on désigne dans le village sous le
nom de Fontaine *de la Ste-Vierge* en est située à environ
200 mètres, sur le chemin de Courpière; c'est une sorte
de citerne de 4 mètres de profondeur qui reçoit les eaux
pluviales. Aussi son eau est toujours trouble après les
pluies. De plus, cette fontaine se dessèche souvent pendant l'été; malgré cela les habitants emploient presque
exclusivement ses eaux et les préfèrent à celles de la
Fontaine *d'en Haut*, qui se trouve à 50 ou 60 mètres de là.

La fontaine *d'en Haut*, qui sourd au pied d'un rocher
granitique, donne une eau d'une limpidité parfaite et
d'une saveur agréable. Elle ne tarit jamais; aussi on a
vu souvent les habitants des villages voisins venir y puiser pendant les grandes sécheresses.

Outre les eaux des fontaines citées plus haut, j'ai examiné celle de deux puits.

Le puits de M. Jean Poux, situé au milieu du village,
à environ 8 mètres de profondeur. On considère son eau
comme étant de bonne qualité; elle est limpide, incolore,
sans odeur, mais d'une saveur douce un peu fade. Il ne
tarit jamais.

Le puits de M. Dérossis donne une eau qui présente
quelques flocons en suspension, elle est légèrement

téintée en jaune, son odeur est nulle, sa saveur fade et peu agréable. Ce puits ne tarit jamais; on a même remarqué que pendant l'été il renfermait plus d'eau qu'en hiver. Sa profondeur est de 6 ou 7 mètres.

Caractères de ces eaux.

	Fontaine de la Ste Vierge.	Fontaine d'en Haut.	Puits Jean Poux.	Puits Dérossis.
Limpidité,	légèrem. louche.	Parfaite.	Parfaite.	Quelq. flocons en suspension
Couleur,	Teinte jaune verdâtre très-faible.	Incolore.	Incolore.	Légère teinte jaune.
Odeur,	Nulle.	Nulle.	Nulle.	Nulle.
Saveur,	Agréable.	Agréable.	Douce.	Fade peu agr.

Action des réactifs.

	Font. de la S. Vierge et font. d'en Haut.	Puits Jean Poux et puits Dérossis.
Chlorure de baryum et acide azotique.	Rien.	Léger louche.
Solution de brucine et acide sulfuriq.	Rien	Teinte rose.
Azotate d'argent avec acide azotique.	Transparence lég. altérée.	Précipité.
Eau de baryte.	Limp. p. alt.	Limp. altérée.
Oxalate d'ammoniaque.	Trouble lég.	Tr. assez pron.
Ammoniaque.	Rien.	Rien.
Teinture de Campêche.	Teinte lég. cramoisie.	Cramoisi.
Action de la chaleur.	Rien.	Rien.

Composition chimique

de l'eau de la Fontaine de la Ste Vierge.

Date de la prise d'échantillon : 30 mai 1875.

Température $\begin{cases} \text{de l'eau} \dots\dots\dots & 11^o,8 \\ \text{de l'air.} \dots\dots\dots & 23^o,0 \end{cases}$

Gaz $\begin{cases} \text{Air} \begin{cases} \text{Oxygène.} \dots\dots\dots & 6^{cc},4-29,9 \\ \text{Azote.} \dots\dots\dots & 15^{cc},0-70,1 \end{cases} \\ \text{Acide carbonique.} \dots\dots\dots & 1^{cc},2- \text{ »} \end{cases}$

$$22^{cc},6-100,0$$

Titre hydrotimétrique. . . . .   4°,5
Résidu par litre. . . . .   0^g,1250
Matières organiques évaluées par le
   permanganate de potasse. . . . . .   0^g,0304

Silice.   0,0290
Chlore   0,0070
Acide phosphorique. . . . .   traces.
   —   sulfurique. . . . .   traces.
   —   carbonique combiné.   0,0158
Potasse.   0,0019
Soude.   0,0064
Lithine. . . . .   traces.
Chaux.   0,0250
Magnésie.   0,0047
Oxyde de fer, alumine et oxyde de
   manganèse.   0,0022

Composition comparée des eaux de Sauviat.

	F. d'en Haut.	F. de la S. V.	P. J. Poux.	P. Dérossis.
Température de l'eau	12°,6	11°,8	10°,8	9°,2
Titre hydrotimétrique	3°,0	4°,5	22°,0	38°,0
Résidu par litre	0g,1100	0g,1250	0g,7200	1g,1250
Chlore	0 ,0060	0 ,0070	0 ,0880	0 ,2010
A. Carbonique combiné	0 ,0147	0 ,0158	0 ,0871	0 ,1232
Matières organiques	0 ,0432	0 ,0304	0 ,0528	0 ,0528

EAUX DE LA CELLE.

Le village de la Celle, bâti sur un plateau granitique de 696 mètres d'altitude, est alimenté par l'eau d'une source dont le point d'émergence en est distant d'environ 200 mètres.

L'eau est amenée près de la maison de l'instituteur, par un conduit en pierres reliées avec un mélange de mousse et d'argile.

Cette eau, d'une pureté remarquable, renferme cependant une proportion assez considérable de matières organiques qui proviennent de l'humus de la prairie.

On ne rencontre pas de goîtreux à la Celle.

Caractères des eaux.

Limpidité. . . Parfaite.
Couleur. . . . Incolore.
Odeur. . . . . Nulle.
Saveur . . . . Agréable.

Action des réactifs.

Chlorure de baryum et acide azotique.
    Rien.
Solution de brucine et acide sulfurique.
    Rien.
Azotate d'argent avec acide azotique.
    Transparence légèrement altérée.
Eau de baryte.
    Rien.
Oxalate d'ammoniaque.
    Rien.
Ammoniaque.
    Rien.

Teinture de Campêche.

Teinte jaunâtre.

Action de la chaleur.

Rien.

Composition chimique.

Eau de La Celle.

Date de la prise d'échantillon : 17 mai 1875.

Température $\begin{cases} \text{de l'eau.} \dots \dots \dots & 10°,4 \\ \text{de l'air.} \dots \dots \dots & 18°,6 \end{cases}$

Gaz $\begin{cases} \text{Air} \begin{cases} \text{Oxygène.} \dots \dots \dots & 8^{cc},0—32,00 \\ \text{Azote.} \dots \dots \dots & 17^{cc},0—68,00 \end{cases} \\ \text{Acide carbonique.} \dots \dots \dots & 2^{cc},0 — » \end{cases}$

$$27^{cc},0—100,0$$

Titre hydrotimétrique.	0°,5
Résidu par litre..	0°,0490
Matières organiques évaluées par le permanganate de potasse..	0,0144
Silice.	0,0092
Chlore.	0,0050
Acide phosphorique..	traces.
— sulfurique.	traces.
— azotique.	traces.
— carbonique combiné.	0,0035
Potasse.	0,0025
Soude..	0,0036
Lithine.	traces.
Chaux.	0,0024
Magnésie.	0,0009
Oxyde de fer, alumine et oxyde de manganèse.	0,0004

EAUX DE ST-AVIT.

St-Avit, canton de Pontaumur, se trouve à l'ouest du département, sur la route de Clermont à Aubusson. Le village, construit sur un plateau granitique dont l'altitude moyenne est de 700 à 750 mètres, est alimenté par l'eau de puits.

Sur 10 puits que l'on compte dans le village, j'ai examiné l'eau de cinq d'entre eux.

Le puits de la *maison Chevalier*, situé sur le bord de la route, a 15 ou 18 mètres de profondeur; il donne des eaux qui jouissent·d'une grande réputation de pureté, elles sont recherchées dans le village. Ces eaux, d'une limpidité parfaite, ne louchissent pas par les pluies. Elles sont sans couleur, ni odeur, mais d'une saveur fade.

La température de l'air étant 17°8 le 16 mai 1875, celle de l'eau était de 8°8.

Le cimetière de St-Avit se trouve au milieu du village; aussi je n'irai pas plus loin sans parler de l'influence fâcheuse que son voisinage exerce sur la qualité des eaux potables. En effet, le puits de M. Lamadon et un puits situé sur la route du Montel ne sont pas à plus de 40 ou 50 mètres du cimetière. On sait que les nappes souterraines qui alimentent les puits ont pour origine l'eau pluviale. On conçoit alors que pendant son trajet souterrain l'eau s'imprègne des sels minéraux et des matières organiques qu'elle rencontre. Les eaux des puits citées plus haut ont une odeur désagréable qui augmente quand on les conserve, surtout si la température s'élève.

M. Lamadon, maire de St-Avit, me disait avoir plusieurs fois, pendant les chaleurs de l'été, cessé l'usage de l'eau de son puits, qui avait une odeur repoussante et une saveur fade désagréable. On ne peut expliquer ces faits que par la présence dans l'eau de matières organiques

6

provenant d'infiltrations du cimetière. M. Jules Lefort avait déjà constaté, en 1871, la présence de matières animales dans l'eau d'un puits de la commune de Saint-Didier (Allier). Il en résulte qu'il serait de la plus grande importance de changer la place du cimetière de St-Avit.

Puits de M. Charpille. Les eaux de ce puits sont aussi mauvaises que les précédentes; elles reçoivent probablement aussi des infiltrations du cimetière.

Puits de M. Gorsse. Ce puits, situé dans la partie la plus élevée du village, a environ 25 mètres de profondeur ; il tarit souvent. L'eau recueillie le 16 mai 1875 était nébuleuse et légèrement louche.

On ne rencontre pas de goîtreux à St-Avit. M. Gorsse, qui a été maire de cette localité pendant quarante ans, n'en a pas vu .un seul.

Caractères de ces eaux.

	Puits Chevalier.	Puits Lamadon.	Puits route du Montel.	Puits Charpille.	Puits Gorsse.
Limpidité,	Parfaite.	Parfaite.	Limpide.	Limpide.	Nébuleuse
Couleur,	Incolore.	Incolore.	T. jaunât. faible.	Incolore.	Louche.
Odeur,	Nulle.	Pr. nulle.	Pr. nulle.'	Nulle.	Nulle.
Saveur,	Fade.	Fade peu agréable.	Fade peu agréable.	Fade peu agréable.	Fade peu agréable.

Action des réactifs (1).

Chlorure de baryum et acide azotique.
　　Légèrement louche.
Solution de brucine et acide sulfurique.
　　Teinte rose foncée.
Azotate d'argent avec acide azotique.
　　Précipité.
Eau de baryte.
　　Limpidité peu altérée.

(1) L'action des réactifs est la même pour toutes ces eaux.

Oxalate d'ammoniaque.
    Précipité.
Ammoniaque.
    Rien.
Teinture de Campèche.
    Teinte légèrement cramoisie.
Action de la chaleur.
    Rien.

Composition chimique.

Puits de la maison Chevalier..

Date de la prise d'échantillon : 16 mai 1875.

Température $\begin{cases} \text{de l'eau.} \dots \dots \dots & 8°,8 \\ \text{de l'air.} \dots \dots \dots & 17°,8 \end{cases}$

Gaz $\begin{cases} \text{Air} \begin{cases} \text{Oxygène.} \dots \dots \dots & 6^{cc},0—27,0 \\ \text{Azote.} \dots \dots \dots & 16^{cc},2—73,0 \end{cases} \\ \text{Acide carbonique.} \dots \dots \dots & 4^{cc},0— » \end{cases}$

                                  Total, $26^{cc},2—100,0$

Titre hydrotimétrique.	13°,5
Résidu par litre.	0,4760
Matières organiques évaluées par le permanganate de potasse.	0,0192
Silice.	0,0240
Chlore.	0,0610
Acide phosphorique	0,0004
— sulfurique.	0,0035
— azotique.	0,1150
— carbonique combiné.	0,0105
Potasse.	0,0430
Soude.	0,1232
Lithine.	traces.
Chaux.	0,0601
Magnésie.	0,0072
Oxyde de fer, alumine et oxyde de manganèse.	0,0032

Composition comparée des eaux de Saint-Avit.

	Puits de la m. Chevalier.	Puits de M. Lamadon.	Puits r. du Montel.	Puits de M. Charpille.	Puits de M. Gorsse
Température de l'eau. . .	8°,8	7°,6	7°,6	8°,8	8°,2
Titre hydrotimétrique. . .	13°,5	16°,5	18°,0	17°,3	12°,0
Résidu par litre.	0^g,4760	0,3523	0,4000	0,8400	0,3600
Chlore.	0,0610	0,0810	0,0660	0,1520	0,0480
A. carbonique combiné. .	0,0105	0,0193	0,0150	0,0202	0,0114
Matières organiques. . .	0,0192	0,0512	0,0656	0,0528	0,0784

EAUX D'ESTANDEUIL.

Le village d'Estandeuil, canton de Saint-Dier, est bâti sur le granit, à une petite distance de la Dore. On compte trois fontaines dans le village, mais une seule est employée par le plus grand nombre des habitants.

La fontaine d'*Estandeuil* sourd au-dessous d'une roche granitique, près de la route. L'eau puisée le 20 juillet, ordinairement très-limpide, était un peu louche par suite des pluies.

La fontaine *Chez-le-Rouge* est alimentée par les eaux pluviales et est très-souvent à sec.

La fontaine du *Vignal*, située près d'une ferme, à l'entrée du village, donne une eau peu employée, car elle est éloignée des habitations.

Caractères de ces eaux.

Fontaine d'Estandeuil.

Limpidité. . .	Nébuleuse.
Couleur. . . .	Louche.
Odeur.	Nulle.
Saveur	Agréable.

Action des réactifs.

Chlorure de baryum et acide azotique?
    Rien.
Solution de brucine et acide sulfurique?
    Rien.
Azotate d'argent avec acide azotique?
    Transparence légèrement altérée.
Eau de baryte?
    Limpidité peu altérée.
Oxalate d'ammoniaque?
    Trouble très-léger.

Ammoniaque?

    Rien.

Teinture de Campêche?

    Cramoisi très-pâle.

Action de la chaleur?

    Rien.

Composition chimique.

Fontaine d'Estandeuil.

Date de la prise d'échantillon : 20 juillet 1875.

Température { de l'eau . . . . $12°,2$

                 { de l'air . . . . $19°,2$

Gaz { Air { Oxygène . . . . $5^{cc},2-22,0$

           { Azote . . . . $18^{cc},4-78,0$

    Acide carbonique . . . . $12^{cc},4-$ »

                                  $36^{cc},0-100,0$

Titre hydrotimétrique . . . . $3°,5$

Résidu par litre . . . . $0,1100$

Matières organiques évaluées par le

    permanganate de potasse . . . . . . $0,0160$

Silice . . . . $0,0285$

Chlore . . . . $0,0060$

Acide phosphorique . . . . traces.

  — sulfurique . . . . $0,0020$

  — azotique . . . . $0,0031$

  — carbonique combiné . . . . . . $0,0096$

Potasse . . . . $0,0082$

Soude . . . . $0,0135$

Lithine . . . . traces.

Chaux . . . . $0,0123$

Magnésie . . . . $0,0054$

Oxyde de fer, alumine et oxyde de

    manganèse . . . . $0,0003$

Composition comparée des eaux d'Estandeuil.

	Font. d'Estandeuil	F. chez le Rouge	F. du Vignal.
Température de l'eau	12º2 —	14º4 —	12º4
Titre hydrotimétrique	3º5 —	2º0 —	3º5
Chlore	0,0060 —	0,0040 —	0,0030
Matières organiques	0,0160 —	0,0288 —	0,0384

EAUX DE VICHEL.

Vichel, canton de Saint-Germain-Lembron, est bâti sur des argiles sableuses et dominé, à l'ouest, par le grand plateau basaltique de Montcelet. Vichel emploie des eaux de puits et celles d'une fontaine.

La *Fontaine de la Commune* est située à l'ouest du village, près du château de M. de Tarrieux. Ses eaux sont de bonne qualité, mais malheureusement la source a été mal captée et le débit est très-faible. Il en résulte que beaucoup d'habitants se servent d'eaux de puits.

Le *puits de M. Viallard Jean,* qui a de 13 à 14 mètres de profondeur, donne une eau d'assez bonne qualité, il ne tarit jamais.

Le *puits de M. Buffe Amable* est situé dans une cave, il est creusé dans le sable et donne une grande quantité d'eau.

Cette eau, comme les précédentes, est parfaitement limpide, même après les pluies.

L'eau fournie par le *puits de M. Pinet* est loin d'être dans les mêmes conditions. Ce puits, situé à l'entrée du village, près de la route de St-Germain à Vichel, reçoit des infiltrations de fumier, aussi les eaux qui en proviennent ont une odeur et une saveur très-désagréable. Malgré cela, le propriétaire en fait un usage continuel et les trouve de bonne qualité.

Caractère de ces eaux.

Font. de la Commune. Puits Pinet.

Limpidité. . . . . Parfaite.   Trouble.
Couleur. . . . . . . Incolore.   Jaunâtre.
Odeur. . . . . . . Nulle.   Désagréable.
Saveur. . . . . . Agréable.   Nauséabonde.

Action des réactifs.

	F. de la Commune.	Puits Pinet.
Chlorure de baryum et acide azotique.	Léger louche.	Louche.
Solution de brucine et acide sulfuriq.	Rien	Teinte rose foncée.
Azotate d'argent avec acide azotique.	Transparence altérée.	Précipité.
Eau de baryte.	Trouble pron.	Tr. prononcé.
Oxalate d'ammoniaque.	Précipité.	Précipité.
Ammoniaque.	Très-légère nébulosité.	Très-légère nébulosité.
Teinture de Campêche.	Teinte cram.	T. cramoisie.
Action de la chaleur.	Léger trouble.	Lég. trouble.

Composition chimique.

Fontaine de la Commune.

Date de la prise d'échantillon : 4 juillet 1875.

Température $\begin{cases} \text{de l'eau . . . .} & 11°,8 \\ \text{de l'air. . . . .} & 16°,2 \end{cases}$

Gaz $\begin{cases} \text{Air} \begin{cases} \text{Oxygène. . . . .} & 7^{cc},4—29,2 \\ \text{Azote. . . . .} & 18^{cc},0—70,8 \end{cases} \\ \text{Acide carbonique. . . . .} & 16^{cc},8— » \end{cases}$

$$42^{cc},2—100,0$$

Titre hydrotimétrique. . . . . 24°,0
Résidu par litre. . . . . 0^g,4720
Matières organiques évaluées par le
   permanganate de potasse. . . . . . 0^g,0080

Silice.	0,0255
Chlore	0,0190
Acide phosphorique.	0,0004
— sulfurique.	0,0188
— carbonique combiné.	0,1400
Potasse.	0,0402
Soude.	0,0902
Lithine.	(1)
Chaux.	0,1215
Magnésie.	0,0226
Oxyde de fer, alumine et oxyde de manganèse.	0,0013

Composition comparée des eaux de Vichel.

	F. de Commune.	P. Viallard.	P. Buffe.	P. Pinet.
Température de l'eau	11°,8	11°,8	11°,4	12°,2
Titre hydrotimétrique	24°,0	25°,0	23°,0	48°,0
Résidu par litre	0g,4720	0g,8500	»	1g,2600
Chlore	0 ,0190	0 ,1180	0 ,0510	0 ,1180
A. Carbonique combiné	0 ,1400	0 ,1716	0 ,1584	0 ,1760
Matières organiques	0 ,0080	0 ,0304	0 ,0704	0 ,3408

EAUX DE PLAUZAT.

La petite ville de Plauzat est bâtie sur un affluent de l'Allier, on y rencontre des calcaires marneux, des roches basaltiques et des argiles sableuses (430 mètres d'altitude)· Cette localité doit à son maire, M. Mantrand-Curier, une excellente distribution d'eau qui remonte à 1873-74.

M. Mantrand-Curier fit conduire à Plauzat les eaux du puy de St-Sandoux et de Ludesse. Elles sont amenées d'abord à Sarzat, où se fait le mélange dans un filtre formé de pierres cassées de 40 mètres de long sur

---

(1) L'eau de Vichel est la seule où je n'ai pas trouvé de traces de lithine.

8 de large, de là elles arrivent au château-d'eau par des tuyaux en tôle bituminée. Du château-d'eau des conduits vont alimenter quatre fontaines. L'eau de ces fontaines n'a pas toujours la même composition, car la source de Ludesse tarit souvent pendant l'été.

Outre ces fontaines, on emploie encore à Plauzat l'eau de deux autres sources.

La *fontaine de la Coste* qui sourd à l'ouest de la ville, donne des eaux de bonne qualité, préférées aux autres par beaucoup d'habitants.

La source de la *fontaine de la Place* prend naissance à 30 mètres environ de la précédente, on attribue à ses eaux les mêmes qualités qu'a celles de la fontaine de la Coste.

Ces eaux se troublent par une ébullition de 10 à 15 minutes par suite de la décomposition des bicarbonates. Elles sont aptes à la bonne préparation des aliments et au savonnage.

Les échantillons recueillis le 6 juillet, en présence de M. Mantrand-Curier, maire de Plauzat, m'ont donné les résultats suivants :

Caractères des eaux.

Limpidité... Parfaite.
Couleur.... Incolore.
Odeur. ... Nulle.
Saveur. .... Agréable.

Action des réactifs.

Chlorure de baryum et acide azotique?
    Léger louche.
Solution de brucine et acide sulfurique?
    Rien.

Nitrate d'argent avec acide azotique?

    Transparence légèrement altérée.

Eau de baryte?

    Trouble.

Oxalate d'ammoniaque?

    Précipité.

Ammoniaque?

    Légère nébulosité.

Teinture de campêche?

    Cramoisi prononcé.

Action de la chaleur?

    Trouble.

Composition chimique.

Eau de la fontaine Saint-Jean.

Date de la prise d'échantillon, 6 juillet.

Température : de l'eau . . . . 13°,0
de l'air . . . . 26°,6

Gaz — Air — oxygène . . . . 7^{cc},6—29,4
azote . . . . 18^{cc},2—70,6
Acide carbonique . . . . 20^{cc},6— »

46^{cc},4—100,0

Titre hydrotimétrique . . . . 32°,0

Résidu par litre 0,3620

Matières organiques évaluées par le
permanganate de potasse 0,0032

Silice 0,0120

Chlore 0,0070

Acide phosphorique . . . . traces.

   — sulfurique 0,0120

   — carbonique combiné 0,1372

Potasse 0,0060

Soude 0,0142

Lithine. . . . .   traces.

Chaux.   0,1127

Magnésie.   0,0417

Oxyde de fer, alumine et oxyde de

    manganèse.   0,0005

Composition comparée des eaux de Plauzat.

	Château-d'eau Fontaine St-Jean.	Fontaine de la Coste.	Fontaine de la Place.
Température de l'eau.	13°,0	10°,4	11°,2
Titre hydrotimétrique.	32°,0	32°,0	32°,0
Résidu par litre.	0g,3620	0g,5200	0g,4500
Chlore.	0,0070	0,0160	0,0170
Acide carbonique combiné. .	0,1372	0,1328	0,1302
Matières organiques évaluées.	0,0032	0,0032	0,0048

EAUX DE VERTAIZON.

Vertaizon est une petite ville de la Limagne très-agréablement située, sur une colline de la rive droite de l'Allier, à 540 mètres d'altitude. La colline de Vertaizon est formée de calcaires siliceux en filons dans le tuf basaltique. Dans ce tuf, que M. Brongnard appelle brecciole, et qui varie beaucoup pour la couleur et la finesse du grain, on rencontre de la calcédoine, du pyroxène, du silex en rognons, du péridot en masse granulaire et des filons d'arragonite. Deux fontaines servent à l'alimentation de Vertaizon, mais les habitants attribuent des qualités bien différentes à ces eaux. L'eau de la *fontaine de l'Horloge*, qui abreuve le plus grand nombre, est considérée comme étant très-mauvaise. Celle de la *fontaine de l'Hôpital* passe pour être de très-bonne qualité; elle est recherchée par les animaux. L'analyse n'explique pas cette préférence, au contraire, le chimiste serait tenté d'attribuer les meilleures qualités aux eaux de la fontaine de l'Horloge, attendu qu'elles renferment quatre fois moins de magnésie que celles de la fontaine de l'Hôpital. Il y a beaucoup de goîtreux à Vertaizon et on pense généralement que l'eau de la fontaine de l'Horloge contribue au développement de cette infirmité.

J'ai fait l'analyse complète de l'eau de l'Horloge et j'ai déterminé quelque matières de celle de l'Hôpital pour pouvoir les comparer.

Caractères des eaux.

Limpidité. . . Parfaite.
Couleur. . . . Incolore.
Odeur. . . . . Nulle.
Saveur . . . . Agréable.

Action des réactifs.

Chlorure de baryum et acide azotique.
> Trouble léger.

Solution de brucine et acide sulfurique.
> Rien.

Azotate d'argent avec acide azotique.
> Transparence légèrement altérée.

Eau de baryte.
> Trouble prononcé.

Oxalate d'ammoniaque.
> Trouble prononcé.

Ammoniaque.
> Nébulosité.

Teinture de Campêche.
> Cramoisi prononcé.

Action de la chaleur.
> Trouble.

Composition chimique.

Fontaine de l'Horloge.

Date de la prise d'échantillon : 8 juillet 1875.

Température $\begin{cases} \text{de l'eau.} \dots \dots \dots & 12°,6 \\ \text{de l'air.} \dots \dots \dots & 20°,1 \end{cases}$

Gaz $\begin{cases} \text{Air} \begin{cases} \text{Oxygène.} \dots \dots \dots & 8^{cc},0—31,00 \\ \text{Azote.} \dots \dots \dots \dots & 17^{cc},8—69,00 \end{cases} \\ \text{Acide carbonique.} \dots \dots \dots & 23^{cc},6— \text{»} \end{cases}$

$\overline{ 49^{cc},4—100,0}$

Titre hydrotimétrique.	23°,0
Résidu par litre.	0°,5600
Matières organiques évaluées par le permanganate de potasse.	»
Silice.	0,0180
Chlore.	0,0090
Acide phosphorique.	traces.
— sulfurique.	0,0274
— carbonique combiné.	0,2059
Potasse.	0,0110
Soude.	0,0522
Lithine.	traces.
Chaux.	0,1939
Magnésie.	0,0245
Oxyde de fer, alumine et oxyde de manganèse.	0,0040

Composition comparée des eaux de Vertaizon.

	F. de l'Horloge.	Font. de l'Hôpital.
Température de l'eau. . . .	12°,6	13°,4
Titre hydrotimétrique. . . .	23°,0	19°,2
Résidu par litre.	0,5600	0,4900
Chlore.	0,0090	0,0060
Acide carbonique combiné.	0,2059	0,1540
Matières organiques.	»	»
Chaux.	0,1939	0,0820
Magnésie.	0,0245	0,0990

EAUX DES MARTRES-D'ARTIÈRES.

Les Martres-d'Artières, village du canton de Pont-du-Château, est bâti sur un monticule qui domine la rivière d'Artière. Ce monticule, formé en grande partie de calcaire, est recouvert de cailloux roulés.

Le village est alimenté par deux fontaines. La *fontaine de la Place* prend sa source dans l'alluvion ancienne que l'on rencontre le long de la route de Cormède aux Martres. Elle tarit quelquefois.

L'autre se trouve sur le bord de la rivière; on la désigne sous le nom de *fontaine de la Carte.*

On préfère son eau à celle de la fontaine précédente, mais comme elle est un peu éloignée, elle est moins employée.

L'analyse n'explique pas cette préférence, car l'eau de la fontaine de la Carte est plus chargée de sels et surtout de matières organiques. Je lui ai trouvé une saveur fade peu agréable.

Ces eaux ont une limpidité parfaite, sans couleur ni odeur. Elles cuisent assez bien les légumes.

Voici les résultats obtenus sur les eaux puisées le 8 juillet 1875 :

Caractères de ces eaux.

Limpidité. . . . Parfaite.
Couleur. . . . . Incolore.
Odeur. . . . . . Nulle.
Saveur . . . . . Agréable.

Action des réactifs.

Chlorure de baryum et acide azotique?
Léger trouble.

Solution de brucine et acide sulfurique ?

    Teinte rose.

Nitrate d'argent avec acide azotique ?

    Transparence légèrement altérée.

Eau de baryte ?

    Trouble prononcé.

Oxalate d'ammoniaque ?

    Trouble prononcé.

Ammoniaque ?

    Nébulosité.

Teinture de Campêche ?

    Cramoisi prononcé.

Action de la chaleur ?

    Trouble.

Composition chimique.

Fontaine de la Place.

Date de la prise d'échantillon : 8 juillet 1875.

Température $\begin{cases}$ de l'eau .... $13°,4$
 dé l'air. .... $18°,4 \end{cases}$

Gaz $\begin{cases}$ Air $\begin{cases}$ Oxygène.......... $8^{cc},0—29,3$
 Azote. .... $19^{cc},2—70,7 \end{cases}$
 Acide carbonique. .... $22^{cc},8— $ » $\end{cases}$

                                     $50^{cc},0—100,0$

Titre hydrotimétrique. .... $32°,5$

Résidu par litre. .... $0^{g},4980$

Matières organiques évaluées par le permanganate de potasse ...... $0°,0056$

Silice. .... $0,0260$

Chlore. .... $0,0110$

Acide phosphorique. .... traces.

—   sulfurique.............. $0,0195$

—   azotique. .... traces.

—   carbonique combiné........ $0,1432$

Potasse 0,0262
Soude. 0,0630
Lithine . . . . traces.
Chaux. 0,1567
Magnésie.. 0,0281
Oxyde de fer, alumine et oxyde de
   manganèse.. 0,0024

Composition comparée des eaux des Martres-d'Artières.

	Font. de la Place.	Font. de la Carte.
Température de l'eau. . . .	13°,4	13°,6
Titre hydrotimétrique . . .	32°,5	34°,2
Résidu par litre.	0,4980	0,6450
Chlore.	0,0110	0,0600
Acide carbonique combiné.	0,1432	0,1575
Matières organiques. . . .	0,0056	0,0272
Chaux.	0,1567	0,1640
Magnésie..	0,0740	0,0740

EAUX DE ST-BONNET.

Ce petit village est bâti au sud-est d'une colline de 427 mètres d'altitude. On y rencontre le terrain tertiaire moyen et une grande quantité de cailloux roulés.

St-Bonnet emploie les eaux d'une fontaine et de quelques puits.

La fontaine de *la Madeleine*, située à une petite distance du village sert à un grand nombre d'habitants, son eau est chargée de sels calcaires, un peu [louche et d'une saveur fade peu agréable. Il y a encore une fontaine au milieu du village, mais elle est alimentée par les eaux de pluie et tarit souvent.

On considère l'eau du puits de M. *Bordel* comme étant de très-bonne qualité, elle est toujours parfaitement limpide, mais sa saveur laisse beaucoup à désirer.

7

Les eaux des deux puits du domaine de M. *de Tarrieux*
ont des propriétés assez différentes, mais ici, comme je
l'ai remarqué souvent, c'est l'eau la plus mauvaise qui
est préférée.

Le puits creusé en face de la maison d'habitation donne
une eau qui reçoit des infiltrations de fumier, et renferme
beaucoup de matières organiques.

Le puits situé au bord du ruisseau fournit une eau
renfermant beaucoup moins de sels calcaires et de matières organiques.

Les eaux puisées le 12 juillet 1875 ont donné à l'analyse les résultats suivants :

Caractère de ces eaux.

	Font. de la Madeleine et puits de M. de Tarrieux	Puits de M. de Tarrieux près du ruisseau.	Puits de M. Bordel.
Limpidité,	Nébuleuse.	Nébuleuse.	Parfaite.
Couleur,	Louche.	Louche.	Incolore.
Odeur,	Nulle.	Nulle.	Nulle.
Saveur,	Fade peu agréable	Assez agréable.	Fade peu agréable.

Action des réactifs.

Chlorure de baryum et acide azotique ?
    Trouble très-prononcé.
Solution de brucine et acide sulfurique ?
    Teinte rose.
Nitrate d'argent avec acide azotique ?
    Transparence altérée.
Eau de baryte ?
    Trouble prononcé.
Oxalate d'ammoniaque ?
    Précipité.
Ammoniaque ?
    Nébulosité.

Teinture de Campêche ?

Cramoisi prononcé.

Action de la chaleur ?

Trouble.

Composition chimique.

Fontaine de la Madeleine.

Date de la prise d'échantillon : 12 juillet 1875.

Température { de l'eau . . . . 11°,8
de l'air. . . . . 22°,8

Gaz { Air { Oxygène. . . . . 6cc,2—21,9
Azote. . . . . 22cc,0—78,1
Acide carbonique. . . . . — 75cc,0— »

103cc,2—100,0

Titre hydrotimétrique. . . . . 68°,0

Résidu par litre. . . . . 1°,0020

Matières organiques évaluées par le
permanganate. 0,0160

Silice. 0,0200

Chlore. 0,0270

Acide phosphorique. . . . . traces

— sulfurique. 0,1546

— azotique. 0,0100

— carbonique combiné. 0,2772

Potasse 0,0524

Soude 0,1082

Lithine. . . . . traces.

Chaux. 0,3222

Magnésie 0,0542

Oxyde de fer, alumine et oxyde de
manganèse, ... 0,0060

Composition comparée des eaux de St-Bonnet.

	Fontaine de la Madeleine	Puits de M. de Tarrieux en f. la maison	Puits de M. de Tarrieux p. du ruisseau	Puits de M. Bordel.
Température de l'eau	11º,8	13º,8	12º,4	11º,4
Titre hydrotimétrique	68º,0	51º,6	27º,0	38º,0
Résidu par litre	1,0020	1,0000	0,9100	0,7000
Chlore	0,0270	0,0480	0,0100	0,0130
A. carbonique combiné	0,2772	0,2640	0,1883	0,1812
Matières organiques	0,0160	0,0480	0,0064	0,0048

EAUX DE BOUZEL.

Le village de Bouzel, canton de Vertaizon, est bâti près d'un affluent de l'Allier, sur le terrain tertiaire moyen, à 346 mètres d'altitude.

Le village emploie des eaux de puits de très-mauvaise qualité chargées de sels (puits de la commune, 1,520 par litre); mais on remarque qu'elles renferment une très-faible proportion de magnésie.

On ne trouve pas de goîtreux à Bouzel.

Voici les résultats obtenus sur les eaux puisées le 8 juillet 1875.

Caractères de ces eaux.

	Puits de la Commune.	Puits Place du Fort.
Limpidité. . .	Nébuleuse.	Parfaite.
Couleur. . . .	Jaunâtre.	Incolore.
Odeur.	Nulle.	Nulle.
Saveur. . . .	Fade.	Fade.

Action des réactifs.

Chlorure de baryum et acide azotique ?
    Trouble très-prononcé.
Solution de brucine et acide sulfurique ?
    Teinte rose foncé.

Nitrate d'argent avec acide azotique?

    Précipité.

Eau de baryte?

    Trouble prononcé.

Oxalate d'ammoniaque?

    Précipité.

Ammoniaque?

    Nébulosité.

Teinture de Campêche?

    Cramoisi prononcé.

Action de la chaleur?

    Trouble prononcé.

Composition chimique.

Puits de la Commune.

Date de la prise d'échantillon : 8 juillet 1875.

Température $\begin{cases}$ de l'eau. . . . . $\quad$ 11°,8 \
$\quad$ de l'air. . . . . $\quad$ 21°,4

Gaz $\begin{cases}$ Air $\begin{cases}$ Oxygène . . . . $\quad$ 4cc,6—17,7 \
$\quad$ Azote . . . . $\quad$ 21cc,4—82,3 \
Acide carbonique . . . . $\quad$ 50cc,0— »

$$\overline{76^{cc},0—100,0}$$

Titre hydrotimétrique. . . . . 50°,0

Résidu par litre. 1g,520

Matières organiques évaluées par le

    permanganate. 0,0208

Silice 0,0200

Chlore. 0,2020

Acide phosphorique . . . . traces.

  — sulfurique 0,1047

  — azotique. 0,2286

  — carbonique combiné 0,1997

Potasse 0,0782

Soude 0,2900
Lithine . . . . traces.
Chaux 0,2630
Magnésie. 0,0157
Oxyde de fer, alumine et oxyde de
   manganèse 0,0052

Composition comparée des eaux de Bouzel.

	Puits de la Commune.	Puits p. du Fort.
Température de l'eau	11°,8	12°,0
Titre hydrotimétrique	50°,0	36°,6
Résidu par litre	1,5200	»
Chlore	0,2020	0,1480
Acide carbonique combiné	0,1997	0,2156
Matières organiques	0,0208	0,0288

EAUX DE BEAUREGARD-L'ÉVÊQUE.

Beauregard-l'Evêque est une très-jolie commune, située sur un monticule, d'où l'on jouit d'un des plus beaux points de vue de l'Auvergne. Ses rues sont alignées et se coupent à angles droits.

La colline de Beauregard, qui a 379 mètres d'altitude, est entièrement formée de pépérite contenant elle-même beaucoup de calcaire. C'est une sorte de wakite impure et grossière. Des couches calcaires, plus ou moins bouleversées, se trouvent intercalées dans les assises de wakite, laquelle, sur certains points, semble régulièrement stratifiée avec le calcaire, tandis que sur d'autres points il y a mélange sans stratification régulière. Quelques assises de calcaire à Cypris se trouvent aussi au milieu des wakites de Beauregard.

On y rencontre un grand nombre de goîtreux et de crétins. Aussi on ne peut rapporter la cause de ces infirmités qu'à la mauvaise qualité des eaux de puits. Mais quels sont les principes dont la présence ou l'absence donnent aux eaux ces funestes propriétés ?

Bien des opinions ont été avancées pour répondre à ces questions; jusqu'ici aucune ne paraît établie sur des bases irrécusables.

J'ai examiné l'eau de six puits et de deux fontaines.

J'ai été guidé dans cette prise d'échantillons par les conseils de M. Serciron, juge-suppléant au tribunal et par mon ami M. Paul Gauthier, préparateur d'histoire naturelle à la Faculté des sciences de Clermont-Ferrand, que ces messieurs me permettent ici de les remercier de leur bienveillante complaisance.

Fontaine de la Motte. Cette fontaine est située au sud-ouest de Beauregard, sur le chemin de Mirabeau, son eau est recherchée dans le village, mais malheureusement elle en est un peu éloignée, son débit est faible et elle tarit souvent.

La température de l'eau de la fontaine de la Motte a été trouvée égale à 14°,2, le 16 mai 1875.

Fontaine de la Coudiarche, située sur la route au nord-est du village, donne une eau considérée comme étant de mauvaise qualité, je la crois cependant bien préférable à celle de certains puits, elle sert surtout à abreuver les animaux.

Le puits de la Commune, qui se trouve près de la mairie, sert à l'alimentation d'un grand nombre d'habitants, son eau est de très-mauvaise qualité, d'une saveur désagréable, elle précipite fortement par les réactifs, soumise à l'ébullition elle devient laiteuse. Sa température était le 16 mai 1875 de 11°,0.

Puits du château de M. Sersiron. Ce puits, l'un des plus anciens de Beauregard, remonte probablement, à la construction du château, donne une eau d'assez bonne qualité.

Il a 35 mètres de profondeur et renferme toujours de 8 à 10 mètres d'eau.

Puits de la côte Pareille, maison Morel (sud-est du village), ce puits se trouve dans les conditions les plus fâcheuses pour la bonne qualité de ses eaux. Situé dans une étable infecte, ses eaux, toujours laiteuses, sont chargées de sels, de matières organiques, elles ont une odeur repoussante et une saveur désagréable. Il a environ 27 mètres de profondeur, 2 ou 3 mètres d'eau seulement et tarit souvent.

Puits du Coudert. Ce puits situé au nord-ouest du village a environ 8 mètres de profondeur. Pendant l'été, ses eaux baissent beaucoup, mais il n'est cependant jamais à sec. On regarde l'eau de ce puits comme étant de bonne qualité.

A ce sujet, je peux dire qu'on ne doit pas tenir grand compte de l'opinion des habitants.

Dans toutes les localités où j'ai recueillies des eaux on m'a toujours dit qu'elles étaient excellentes.

Ainsi, à Vichel, le propriétaire d'un puits dont l'eau chargée de matières organiques ($0^{gr},3408$ par litre) était jaunâtre, d'une odeur désagréable et d'une saveur nauséabonde, n'a pas hésité pour me dire qu'elle était de très-bonne qualité.

Puits de M. Gauthier-Lacroze. Dans sa propriété de la Violle, M. Gauthier-Lacroze a deux puits qui se trouvent à une petite distance l'un de l'autre (environ 10 mètres) mais dont les eaux sont bien différentes.

Le puits de la *cave*, a 3 ou 4 mètres de profondeur. Ses eaux sont chargées de sels ($1^{gr},325$ par litre), mais ce sont en grande partie des sels alcalins qui ont peu d'action sur la solution alcoolique de savon.

Le puits du *jardin* donne des eaux de très-mauvaise qualité, chargées de sels, de chaux et de sulfates. Ce puits a une profondeur de 28 mètres, il ne tarit jamais.

Caractères de ces eaux.

	Fontaine de La Motte.	Puits de la Commune.	Puits du Coudert.	Fontaine de la Coudiarche.	Puits de M. Gautier (cave)	Puits de M. Gautier jardin	Puits de la maison Morel.	Puits du Château.
Limpidité.	Parfaite.	Parfaite.	Parfaite.	Parfaite.	Flocons en suspension.	Parfaite.	Aspect laiteux.	Parfaite.
Couleur.	Incolore.	Incolore.	Incolore.	Incolore.	Jaune verd.	Incolore.	Laiteuse.	Incolore.
Odeur.	Nulle.	Nulle.	Nulle.	Nulle.	Nulle.	Nulle.	Nulle.	Nulle.
Saveur.	Peu agréable.	Terreuse fade.	Terreuse fade.	Peu agréable.	Assez agréable.	Crue ou dure.	Fade, peu agréable.	Assez agréable.

Action des réactifs.

Chlorure de baryum et acide azotique.	Trouble très-prononcé.	Trouble tr.-pron.	Trouble tr.-pron.	Trouble tr.-pron.	Trouble tr.-pron.	Trouble tr.-pron.	Trouble tr.-pron.	Trouble tr.-pron.
Solution de brucine et acide sulfurique.	Teinte rose.	Teinte rose foncée	Teinte rose foncée	Teinte rose.	Teinte rose.	Teinte rose foncée	Teinte rose foncée	Teinte rose foncée
Azotate d'argent avec acide azotique.	Transparence altérée.	Précipité abondant.	Précipité.	Précipité.	Précipité.	Précipité.	Précipité.	Précipité.
Eau de baryte	Trouble très-prononcé.	Trouble tr.-pron.	Trouble tr.-pron.	Trouble tr.-pron.	Trouble tr.-pron.	Trouble tr.-pron.	Trouble tr.-pron.	Trouble tr.-pron.
Oxalate d'ammoniaque	Précipité tr -abond.	Précipité tr.-abond.	Précipité tr.-abond.	Précipité abondant.	Précipité tr.-abond.	Précipité tr.-abond.	Précipité tr.-abond.	Précipité abondant.
Ammoniaque.	Nébulosité prononcée.	Nébulosité prononcée.	Nébulosité prononcée.	Nébulosité prononcée.	Nébulosité prononcée.	Nébulosité prononcée.	Nébulosité prononcée.	Nébulosité prononcée.
Teinture de Campêche.	Cramoisi prononcé.	Cramoisi prononcé.	Cramoisi prononcé.	Cramoisi prononcé.	Cramoisi prononcé.	Cramoisi prononcé.	Cramoisi prononcé.	Cramoisi prononcé.
Action de la chaleur.	Trouble.	Trouble.	Trouble.	Trouble.	Trouble.	Trouble.	Trouble.	Trouble.

Composition chimique.

	Fontaine de la Motte.	Puits de la Commune.
Date de la prise d'échantillon :	16 mai 1875	16 mai 1875
Température { de l'eau	11°,1	11°,1
{ de l'air	20°,2	20°,0
	cc	cc
Gaz { Air { Oxygène	7,8—32.4	8,0—32.1
{ Azote	16,3—67.6	16,9—67.9
{ Acide carbonique	5,2—»	6,0—»
	63,0—100,00	69,7—100,00
Titre hydrotimétrique	45°,0	72°,0
Résidu par litre	0,6320	1,4720
Matières organiques évaluées par le permanganate de potasse	0,0064	0,0080
Silice	0,0280	0,0319
Chlore	0,0180	0,0180
Acide phosphorique	traces	traces
— sulfurique	0,0360	0,1122
— azotique	0,0090	0,3410
Acide carbonique combiné	0,1840	0,1531
Potasse	0,0210	0,0542
Soude	0,0985	0,1669
Lithine	traces	traces
Chaux	0,1398	0,3479
Magnésie	0,0800	0,0310
Oxyde de fer, alumine et oxyde de manganèse	0,0020	0,0045

Composition comparée des eaux de Beauregard.

	Fontaine de la Motte.	Puits de la Commune.	Fontaine de la Coudiarche.	Puits de la m. Morel.	Puits du Coudort.	Puits du Château.	Puits de M. Gautier (cave).	Puits de M. Gautier (jardin).
Température de l'eau	14°,2	11°,0	13°,1	11°,4	11°,6	11°,0	9°,7	10°,6
Titre hydrotimétrique	45°,0	72°,0	66°,4	68°,0	72°,0	56°,0	35°,0	76°,0
Résidu par litre	0,633	1,472	1,010	1,260	1,0895	0,880	1,325	2,008
Chlore	0,0180	0,1520	0,1070	0,1460	0,0720	0,0680	0,1740	0,0780
A. carbonique combiné	0,1840	0,1531	0,1865	0,1522	0,1984	0,1232	0,1892	0,1408
Matières organiques	0,0064	0,0080	0,0160	0,0432	»	0,0128	0,0560	0,0475
Chaux	0,1398	0,3479	0,1992	»	»	0,1820	»	»
Magnésie	0,0800	0,0310	»	»	»	0,0900	»	»

Ces études seront continuées, et prochainement j'espère publier un deuxième mémoire concernant une nouvelle série d'eaux potables du département.

FINOT.

TABLE

Introduction 5

PREMIÈRE PARTIE.

Des eaux potables en général. 6
Des eaux courantes. 7
Des eaux stagnantes. 7
Caractères des bonnes eaux potables 8

Propriétés physiques des eaux.

1º L'eau potable doit être fraîche 9
2º Limpide. 12
3º Sans odeur. 12
4º Sans saveur. 13

DEUXIÈME PARTIE.

Composition chimique des eaux.

Corps trouvés dans les eaux qui font le sujet de ce mémoire. 14
Des gaz en dissolution dans l'eau. 15
Acide sulfurique 17
Chlore 19
Acide azotique. 19
— silicique. 21
— phosphorique. 22
Potasse et soude 23
Lithine 23

Chaux. 24
Magnésie. 26
Alumine. 27
Fer. 28
Manganèse. 28
Plomb. 28
Matières organiques. 28
Du résidu fixe. 30

TROISIÈME PARTIE.

De l'analyse des eaux.

Opérations préliminaires exécutées à la source. . . . 32
Détermination de la température. 33
Prise d'échantillons. 33

Analyse qualitative.

Recherche de l'iode. 35
   — de l'arsenic et du plomb. 36
   — du fer, de l'alumine et du manganèse . . . 37

Analyse quantitative.

Dosage des gaz 38
De l'évaporation des eaux. 39
Dosage du résidu par litre. 40
   — de la silice 41
   — du chlore. 42
   — de l'acide sulfurique. 43
   — de l'acide carbonique des carbonates. 43
Recherche et dosage de l'acide azotique. 43
Dosage du fer et de l'alumine. 45
   — de la chaux. 46
   — de la magnésie. 46
   — de la potasse et de la soude. 47
   — de l'acide phosphorique. 48
   — des matières organiques. 50
Hydrotimétrie. 55
Calcul de l'analyse des eaux 57

QUATRIÈME PARTIE.

Etude de chacune des eaux en particulier.

Eaux de Clermont 61
— Chamalières 65
— Royat. 67
Eau du ruisseau de Fontanat, puisée à la Planche-Basse. 69
Eaux de Sayat. 71
— de Saint-Pierre-Roche. 73
— du Crest. 75
— de Montmorin. 78
— de Sauviat 80
— de La Celle. 83
— de Saint-Avit 85
— d'Estandeuil. 89
— de Vichel 91
— de Plauzat 93
— de Vertaizon 96
— des Martres-d'Artières 99
— de Saint-Bonnet 101
— de Bouzel 104
— de Beauregard-l'Evêque. 106

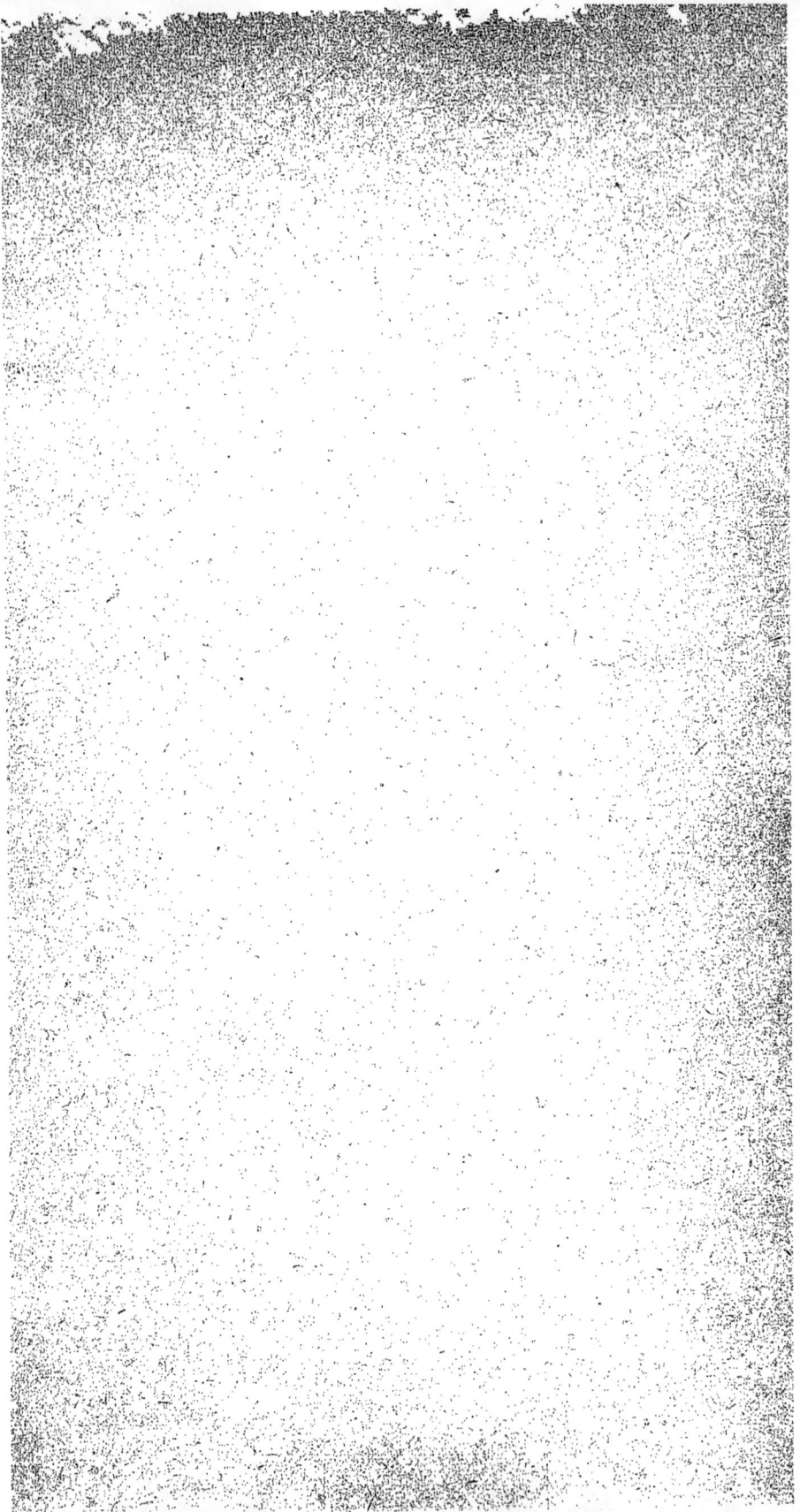

www.ingramcontent.com/pod-product-compliance
Lightning Source LLC
Chambersburg PA
CBHW071212200326
41519CB00018B/5491